JN417647

캡슐레이션 기술의 이해와 실험

CAPSULATION TECHNOLOGY

김수연 · 최성호

머 리 말

급변하는 사회 속에서 화학물질의 이용범위는 여러 연구, 개발로 날로 발전하고 있다. 이런 다양한 변화 속에서도 K-POP의 영향으로 한국에 대한 관심이 많아지고 특히 다양한 컨텐츠와 미디어의 영향으로 한국 제품들 중에서도 특히, 한국 연예인의 화장법과 한국화장품에 많은 관심을 가지는 계기가 되었다.

이런 영향과 더불어 까다로운 한국인 소비자들의 욕구를 충족하기 위하여 한국 화장품 회사에서는 여러 다양한 화장품들을 계속적으로 개발, 연구가 되고 있다. 화장품 산업은 우리나라의 중요한 제조업 중 하나가 되었다고 해도 과언이 아닐 뿐만 아니라 고액 매출을 하는 분야로 빠르게 높은 성장을 하고 있다.

특히, 기능성 화장품을 제조하는 여러 방법 중에서도 캡슐레이션의 기술을 이용하려는 연구 및 개발이 되고 있지만, 캡슐레이션 기술의 이해 및 실험에 관한 실험 교재가 미흡한 관계로 캡슐레이션에 관하여 조금 더 쉽게 이해 할 수 있도록 하기 위해 이 책을 출간하게 되었다.

제1부에서는 마이크로캡슐의 제조(microcapsulation)및 특성평가에 대해서 서술하였으며, 제2부에서는 인캡슐의 제조(encapsulation) 및 특성평가에 대해서 구성되어 있어, 캡슐레이션 원리 및 실험을 전반적으로 이해할 수 있도록 구성하였다.

특히, 이 책은 실제 학부생들의 캡스톤디자인 과목을 통하여 얻어진 결과를 근거로 하고 있으며, 제1부는 마이크로캡슐레이션 과정으로 최성호교수(화학과)가 제2부에서는 인캡슐레이션 과정으로 김수연교수(코스메틱 사이언스학과)가 담당하여 캡슐레이션 과정 및 다양한 분석법을 지도한 결과로 출간하게 되었다. 또한, 이 책은 학생들이 캡슐레이션 기술을 통해 다양한 산업에서 응용할 수 있는 기반기술을 습득 할 수 있어 화장품 외의 식품, 의약품, 농업, 환경 분야 등에 응용할 수 있도록 하였다.

마지막으로 본 실험서의 출판에 있어 노고를 아끼지 않으신 한남대학교 출판부에 심심한 사의를 표하며, 본 책의 일부 오류가 있다면 애정 어린 질정을 바라며 지속적인 수정 및 보완을 약속드린다.

2019. 12.

저자 일동

CONTENTS

실험실에서의 주의사항

모든 화학 실험실에서는 크고 작은 위험 요소가 생길 수 있기 때문에 항상 조심해야 한다.

화학 실험실에서 생기는 사고는 본인뿐만 아니라 타인에게도 큰 사고로 피해를 줄 수 있기 때문에 실험을 실시하기 전에 사전 검사와 안전 수칙을 정확하게 인지하여 사고에 대비할 수 있어야 할뿐 아니라 사고가 나더라도 빠르게 응급 처치를 통해서 해결하여야 한다.

일반적인 수칙

1. 실험실은 담당자로부터 허가를 꼭 받아야 하며, 허가되지 않은 실험은 절대로 하지 않는다.
2. 실험실 안전 수칙을 잘 숙지하고 항상 눈에 잘 뜨는 곳에 비치하고 안전 장치와 보호 장치의 위치도 잘 파악해 놓는다.
3. 실험할 내용을 충분히 숙지하며 가운 또는 실험복을 착용한다.
4. 실험실에서는 금연, 금주이며 음식물은 반입을 금지한다.
5. 실험실에서는 항상 정숙한 태도로 임하며, 개인 소지품들은 지정 장소에 보관한다.
6. 실험실에서는 미끄럽지 않은 운동화나 구두를 착용하며 뛰어다니거나 책상 위에 올라가는 행위 등 어떠한 장난도 하지 않는다.
7. 실험실에서는 단독으로 실험하지 않으며, 위험한 시약을 사용할 경우에는 반드시 교수나 조교와 상의하여야 한다.
8. 실험 후 사용한 시약병들이나 기구들은 제자리에 정돈해 두어 주위 정돈을 깨끗이 하며 손 세척을 반드시 한다.
9. 시약을 사용할 경우 시약명을 반드시 확인해 보고 오염되지 않도록 사용하여야 하며 어떠한 경우라도 맛을 보는 행위는 해서는 안되며 향 또한 직접적으로 맡아 보지 말고 손으로 부채질하듯 해서 소량의 냄새를 맡는다.

10. 새로운 시약이나 처음 사용하는 시약의 경우에는 위험 경고문을 꼭 읽어 제대로 숙지 한다.

11. 시약병은 반드시 두 손으로 사용하며 가스 버너 사용시에는 충분한 사용 방법을 숙지하여야 하며, 항상 꺼 놓는다. 유리 기구를 가열할 경우 반드시 석면팜을 사용하여 유기 기구에 직접적으로 불이 닿지 않도록 한다.

12. 인화성이 있는 액체는 물중탕으로 가열하여 사용하여야 하며 뜨거운 유리 기구들은 집게를 사용한다.

13. 아무리 사소한 사고나 일이 생겼을 경우라도 반드시 조교나 학교 사고 담당부서로 신고 하여햐 한다.

14. 사용한 물질은 반드시 폐수통을 사용하고 회수하며, 실험실 싱크대나 화장실에 버리지 않도록 한다.

15. 불이 붙기 쉬운 유기 용매는 불 가까이에 놓아두지 않는다.

16. 유해한 화학시약이 묻었을 경우에는 교수나 조교의 도움을 받아 응급처치를 한다.

17. 독성물질이나 냄새가 강한 물질 등 몸에 해로운 증기가 발생하는 실험인 경우에는 반드시 후드가 있는 실험실에서 실험해야 한다.

18. 뜨거운 실험기구를 사용할 경우에는 열을 식혀서 잡아야 하고 다른 실험자가 만지지 않도록 주의해야 한다.

19. 실험 중 깨진 유리용기 조각들이나 실험 후 나오는 쓰레기들은 지정된 장소에 버린다.

20. 사용하지 않는 장비나 시약들은 실험실이나 비상구 앞에는 놓아두어서는 안 된다.

화학물질의 오염 방지

실험에 있어서 시약은 매우 중요하며 실험 성공 여부에 있어서 대단히 중요하다고 할 수 있다. 그렇기 때문에 다음과 같이 화학물질의 오염이 생길 수 있는 가능성을 최소로 하여야 한다.

1. 모든 시약병은 꼭 닫아서 보관한다.
2. 사용할 시약은 필요한 화학물질인지 두 번 이상 확인하여 사용한다.
3. 시약병의 뚜껑이나 마개는 섞이지 않게 잘 놓아둔다.
4. 서로 다른 화학물질들은 용기나 마개에도 반응할 수 있기 때문에 원래의 시약병이 아닐 경우에는 그 화학물질과 반응하지 않는 적당한 용기나 마개를 선택한다.
5. 사용할 시약이 고체이든 액체이든 사용 후 남아 있더라도 원래의 병 속에 다시 넣어서는 안 된다.
6. 시약의 질량을 달을 때에는 저울접시 위에 직접적으로 달아서는 안 되고 무게 다는 종이를 이용하여 무게를 달아야 한다.
7. 고체시약을 취할 경우에는 각 고체 시약마다 다른 시약스푼을 사용한다.
8. 유리용기는 항상 씻은 후에도 증류수로 한 번 더 씻어야 한다.
9. 하나 이상의 시약을 동시에 다루면 서로 마개가 바뀔 수 있기 때문에 하나씩의 시약을 다룬다.
10. 직접적으로 시약을 취하면 안 되고 스포이드나 피펫을 이용하여 사용한다.
11. 비이커는 잘 말린 것을 사용하고 액체시약은 적당한 양을 따라 스포이드나 피펫을 사용 하여 액체시약을 취한다.

실험실에서의 안전 규칙

화학 실험실에는 많은 위험 요소가 도사리고 있다. 조심하지 않으면 자신은 물론 동료들에게도 심각한 피해를 줄 수 있기 때문에 아래사항을 확실하게 기억해 두어야 한다.

1. 담당자로부터 허가받지 않은 실험은 절대로 하지 말아야 한다.
2. 실험을 시작하기 전에 실험의 내용에 대하여 충분히 숙지하고 알아두어야 한다.
3. 일부 화학 실험은 조심하지 않으면 폭발이나 화재 등으로 이어질 수 있기 때문에 사용하는 시약, 반응 그리고 기구의 특성에 대해여 미리 알아두어야 한다.
4. 실험실에서는 항상 실험복을 착용하여야 하며, 정숙한 몸가짐으로 다른 학생에게 방해가 되지 않도록 행동하여야 한다.
5. 실험실에서 시약이 담긴 기구를 이동할 때에는 조심하여 이동한다.
6. 실험실에서 뛰어서는 안 되며, 신발은 발등을 덮고 잘 미끄러지지 않는 운동화 또는 구두를 착용하도록 한다.
7. 눈을 보호하기 위하여 반드시 보호안경을 착용하도록 한다.
8. 콘택트렌즈는 착용하지 않는 것이 좋으며, 눈에 시약이 들어갔을 경우에는 많은 양의 물로 세척한 후에 적절한 치료를 받도록 한다.
9. 시약병의 표식은 두 번 이상 확인하는 습관을 갖는다.
10. 시약병의 모양은 비슷한 것들이 많기 때문에 한 개씩 개봉해서 사용하고 사용 후에는 바로 뚜껑을 닫아 놓는다.
11. 시약마다 위험 요소가 다르기 때문에 시약병에 인쇄된 위험 표식에 대해서도 주의를 기울인다.
12. 대부분의 시약은 유독 성분일 수 있기 때문에 절대로 맛을 보아서는 안된다.
13. 시약의 냄새를 맡을 때에는 직접적으로 맡지 말고 간접적으로 손으로 부채질하여 맡도록 하며, 다량의 냄새를 흡입하지 않도록 주의한다.

14. 시약은 반드시 시약병의 표지를 확인하고 사용해야 하며 기체가 발생하는 시약은 후드 밖으로 가져 나오지 않는다.
15. 시약병은 두 손을 사용하여 바닥을 받쳐서 들어야 하며 한 손으로 시약을 잡고 옮기지 않는다.
16. 가스버너를 사용하는 경우에는 사전에 사용 방법을 충분히 알아둔다.
17. 유리 기구를 가열할 경우에는 반드시 석면판을 이용하여 유리 기구에 직접 가스 불꽃이 닿지 않도록 한다.
18. 액체를 가열할 때에는 보일링칩(boiling chip)을 사용하여 액체가 튀어 오르지 않도록 한다.
19. 시험관의 입구가 주위의 실험자에게 향하지 않도록 조심한다.
20. 인화성이 있는 액체는 반드시 물중탕을 사용하여 가열하도록 한다.
21. 뜨거운 유리 기구는 집게를 사용하여 취급하며, 장갑을 미리 준비해서 사용한다.
22. 공해 물질은 반드시 폐수통을 이용하여 모두 회수하여야 하며, 싱크대나 휴지통에 버려서는 안 된다. 진한 산, 염기 또는 유기 용매는 특히 싱크대에 버려서는 안 된다.
23. 유리관을 취급할 경우는 장갑이나 수건을 이용한다.
24. 유리관을 자른 후에는 가스 불꽃으로 끝을 둥글게 하여야 한다.
25. 유리관은 물에 묻혀 고무마개에 끼우도록 하고 무리한 힘을 사용하지 않도록 한다.
26. 진한 산을 묽힐 때에는 물을 조금씩 저으면서 산을 가하며, 물을 산에 부어서는 안 된다.
27. 독성이 있거나 냄새가 심한 기체가 발생할 때에는 항상 후드에서 실험하여야 하며, 후드 안에 머리를 넣는 행동은 하지 않도록 한다.
28. 비상구와 안전 장비의 위치를 알아두고 사용법도 알아둔다.
29. 사고가 일어날 경우에 실험실을 벗어난 방법과 소화기, 소화 담요, 샤워, 구급약 등의 위치, 사용법을 정확히 알아두어야 한다.
30. 위급 상황이 발생하면 당황하지 말고, 사태를 파악한 후에 행동하며, 모든 사고는 반드시 조교 및 담당자에게 알려야 한다.

캡슐레이션의 기본사항

1. 저울 사용법

화학 실험에서 시료의 질량을 측정하는 데는 저울을 사용한다. 저울은 그 정밀도에 따라 "어림저울"과 "화학저울"로 구분한다. 어림저울은 0.01g 또는 0.001g까지도 측정할 수 있고, 화학저울은 0.0001g까지 측정할 수 있도록 제작되어 있다. 저울은 정밀 측정 장치이기 때문에 정확한 사용법을 알고 항상 깨끗하게 사용해야 한다. 저울의 사용법은 제작사마다 조금씩 다르기 때문에 저울을 처음 사용하기 전에는 반드시 사용법을 주의해서 읽어두어야 한다.

저울은 진동이 없는 실험대에서 수평을 유지하도록 하며, 각자의 실험대로 옮기지 않는다. 저울의 접시에 시약을 직접적으로 놓지 말고 종이나 용기를 사용하며, 시약이 묻었을 경우에는 깨끗이 닦아낸다. 저울은 전원을 먼저 켜서 저울의 영점을 확인한 후에 사용한다. 질량을 측정할 시약을 저울 접시 위에 올려놓고 질량을 확인한다.

2. 고체시료

고체 화학물질을 취하는 처음 단계는 원하는 시약이 무엇인지를 알아야 하고 그 다음 취하려고 하는 화학물질인지를 확인하기 위하여 시약병 위에 있는 이름을 유의하여 읽어야 한다. 다른 화학물질인데도 이름과 화학식이 비슷한 경우도 있기 때문에 매우 주의하여 읽어야 한다. 화합물의 이름을 실험서에서도 두 번 이상 읽고 다시 시약병에서도 두 번 이상 읽고 확인하여야 한다.

화학물질을 취할 필요가 있는 경우 시약병이 있는 곳에서 일정량의 화학물질을 깨끗한 용기에 취한 후 이 용기를 가지고 가서 시약을 취한다. 고체시약은 일반적으로 넓은 뚜껑을 가지고 있는 시약병에 들어있다. 결정성 또는 분말성 시약들은 덩어리로 되어 쉽게 취할 수 없다면 뚜껑은 단단히 닫고 손바닥으로 병을 때려서 사용한다. 그래도 덩어리로 남아있으면 뚜껑을 열고 깨끗한 시약스푼으로 덩어리 고체을 꺼내서 잘게 부순다. 사용한 시약은 많이 남았다 하더라고 절대로 다시 시약병에 넣어서는 안되고 버려야 한다. 사용한 시약은 뚜껑을 단단히 닫아서 제자리에 보관한다.

2-1. 고체시약 사용하는 방법

고체시약은 직접 저울접시 위에 올려놓아 서는 절대로 안되는데 접시가 부식될 염려가 크기 때문이다. 만약 접시 위나 저울의 다른 부분에 시약을 쏟았으면 즉시 깨끗하게 닦아야 한다. 접시는 보통 쉽게 들어낼 수 있게 되어 있다. 대부분의 고체시료의 질량은 깨끗한 비이커나 무게다는 종이 위에서 단다.

종이 위에서 무게를 달면 안되는 시약도 있다. 염소산 칼륨 같은 센 산화제는 유리로 된 비이커를 이용해 무게를 달아야 한다. 센 알칼리성 고체가 공기 중에 노출되면 공기 중의 수분을 흡수하여 이 고체 아래 있는 종이를 적시는데 이 시약은 매우 부식성이 강하므로 매우 위험할 수 있다. 이런 알칼리성 고체도 유리용기에서 무게를 달아야 한다. 화학시약은 "질량차"로 무게를 달아야 한다. 빈 용기를 달고 그 다음 시료를 담은 이 용기를 달은 다음 여기서 빈 용기의 무게를 빼 주면 시료의 질량을 알 수 있게 된다.

3. 액체시료

액체시료는 직접 저울접시 위에서 달 수 있으나 미리 달아 놓은 비이커, 삼각 플라스크 또는 적당한 크기의 눈금실린더를 이용하면 가능해진다. 액체시약을 저울이나 저울의 접시 위에 떨어지는 것을 피하기 위함이다. 만일 쏘았다면 즉시 닦아서 깨끗이 처리한다.

3-1. 액체시약 사용하는 방법

액체시약에서도 마찬가지로 고체시약을 다루는 과정과 거의 비슷하며 사용할 시약은 화학명이나 화학식을 두 번 이상 확인하여야 한다. 공동용 시약병을 실험대로 가져가 시약을 취하지 말고 용기를 가지고 가서 취해야 한다. 시약병의 뚜껑이나 마개를 실험대 위에 놓지 말고 손에 가지고 있어야 한다. 만약 시약 병으로부터 액체시약을 너무 많이 취했을 경우 시약병에 다시 따르지 말고 버려야 한다. 시료를 취한 후 즉시 뚜껑이나 마개로 병을 닫아야 한다. 시약을 취하는 도중 흘린 액체시약은 빨리 닦아내야 한다. 시약병에 있는 액체시약은 스포이드를 이용하여 취하는 경우도 있다.

액체시약을 옮기기 위해 스포이드를 사용할 때는 스포이드 끝에 있는 고무꼭지를 위로 하여 수직으로 세워 사용한다. 이때 고무꼭지를 속으로 액체시약이 들어가지 않도록 조심한다. 가장 적절한 방법은 액체시약을 필요량보다 약간 많이 비이커에 취하고 그 다음 들어있는 액체시약을 스포이드를 사용하여 취하는 것이다. 취하고 남은 액체시약은 앞에서 언급한 바와 같이 버려야 한다. 필요로 하는 양은 잘 계산하여 취한다. 실험실에서 사용하는 많은 액체시약들은 인화성이 있거나 유독한 증기를 내는 것도 많기 때문에 항상 조심해서 다뤄야 한다. 시약을 버릴 때는 항상 실험실 안에 마련된 방법을 따라야 한다.

3-2. 액체시료 주의사항

- 무게를 달기 전에 뜨겁거나 찬 물체를 실내온도로 되게 한 후 무게를 단다.
- 무게를 다는 동안 저울의 옆문이나 뚜껑을 닫는다.
- 정확한 질량을 측정하기 위하여 사용된 모든 숫자를 기록한다(소숫점 아래 0의 마지막 숫자까지도 다 기록한다).
- 무게를 단 후 분석용 저울을 0점으로 조정한다.
- 젖은 물체를 다는 일은 없어야 한다(물의 증발이 질량을 변화시킨다).
- 뚜껑이 없는 용기에 휘발성 액체시료를 넣고 달지 말아야 한다.
- 분석용 저울을 사용할 경우 용기를 손으로 잡으면 안 된다(손의 지문으로 인한 오차가 생길 수 있다).

제1부

마이크로캡슐의 제조 및 특성평가

실험 1

코아-멘톨, 쉘-천연 및 합성고분자 수지 마이크로캡슐의 제조 및 특성평가

김아령, 반지수, 박지희, 어요너밍, 최성호

최근 미세먼지의 문제로 인해 두피 각질 개선에 대한 관심이 높아지고 있는 추세이다. 두피 각질 개선에 도움을 주는 멘톨은 박하의 잎이나 줄기를 수증기 증류하여 얻고, 멘톤, 프레곤, 피페리톤, 티몰 및 아이소프레골 등의 케톤기 또는 이중결합에 물을 첨가하면 용이하게 합성되는 물질로써 의약품, 화장품 등에 첨가제로 사용된다. 본 실험에서는 에멀젼 단계, 마이크로캡슐레이션 단계로 합성을 진행하였다.

I 서 론

국민건강보험공단의 통계자료에 따르면 우리나라 탈모 인구는 이미 2013년에 잠재적 탈모 인구를 포함하여 약 천만명을 넘어섰다. 이는 스트레스, 과로, 폭식, 수면 부족 등 잘못된 생활의 지속으로 인해 탈모가 '현대인의 생활습관병'이 되었기 때문이며, 최근에는 20~30대의 젊은 탈모환자도 점점 늘어나는 추세다. 두피열은 정상적인 체열조절의 범위를 넘어서 과도한 열이 머리로 몰리게 되는 증상을 말한다. 두피열은 두피의 유 수분을 빼앗을 뿐만 아니라 모공을 넓혀, 모발이 탈락하기 쉽게 만든다. 두피열이 발생했을 경우 두피의 건조함, 염증, 지루성 두피염 등이 나타나게 되고 심할 경우 두피열 탈모로 이어질 수 있어 주의가 필요하다(국민건강보험공단 탈모 통계 자료). 이러한 두피에 자연스러운 쿨링 효과가 있고 피부에 즉각적으로 청량한 느낌을 주는 특유의 상쾌함과 시원한 향을 가진 멘톨을 성분으로 한 샴푸, 토닉, 에센스 등이 많이 개발되고 있다. 멘톨이란 민트, 허브, 박하 잎, 줄기 등에서 정제한 오일에 함유된 성분이다. 이 오일을 증류해서 곧 멘톨이란 성분을 얻는다고 한다. 극소자극제의 한 종류로써 단기간 사용하면 좋겠지만 장기간 과다 사용하면 극소 마취하는 효과가 있기 때문에 다른 성분들의 영양에 지장을 받을 수 있다. 이렇게 되면 오히려 탈모 치료하려고 사용한 극소자극제인 멘톨이 탈모를 악화시키는 원인이 된다(1-5). 또한 멘톨을 직접 클렌징 샴푸에 혼합하는 경우, 계면활성제와 반응하여 샴푸의 물리적 안정성을 떨어뜨릴 수 있다. 마이크로캡슐 제조 및 마이크로캡슐에 의한 소재 개발 및 기능성에 대한 연구가 대부분이지만 쟈스민, 레몬, 박하 등으로 한정되어 있으며, 멘톨을 이용한 마이크로캡슐레이션 연구는 미비하고 실질적으로 응용했을 때의 안정성에 관한 자료도 전혀 제시되지 않고 있다(6-10). 따라서 본 실험에서는 멘톨을 이용하여 emulsion을 만들고 그를 감싸는 wall-material 조건을 다르게 하여 실험을 진행하였다. 그리고 마이크로캡슐레이션의 성공적으로 형성됨을 확인하기 위하여 OM, FT-IR, DSC, TGA, 및 SEM 분석장비를 이용하여 분석하였다.

II 실 험

2.1 시약

본 실험에서는 emulsion 제조 단계, microcapsulation 제조 단계로 합성을 진행하였다. 실험에서 emulsion 제조 단계는 동일한 방법으로 수행하였고, emulsion을 감싸는 쉘 단계에서 shell material을 다르게 하여 실험을 진행하였다.

실험의 emulsion 제조 단계에서는 용매로 distilled water, ethyl acetate(Duksan Chemical, Korea), 멘톨을 사용하였다. 고체인 멘톨이 액상에 잘 용해하면서 에멜젼화 시키기 위하여, 비이온성 계면활성제인 polysorbate 80(Duksan Chemical, Korea)을 사용하였다. Microcapsulation 단계에서, 천연고분자인 lecithin 합성고분자인 멜라민 수지를 제조하는 melamine(Duksan Chemical, Korea), urea(Duksan Chemical, Korea), formaldehyde(Duksan Chemical, Korea)를 사용하였다.

2.2 Microcapsule 제조

2.2.1 Emulsion 제조

비커에 용매인 에틸아세테이트 15g과 distilled water 65g에 멘톨 10g을 넣어준 뒤 10,000rpm, 10분 조건으로 Homogenizer를 이용하여 분산을 시킨다. 분산이 끝난 용액에 계면활성제인 polysorbate 80 10g을 첨가해주고 Homogenizer에 다시 10분 동안 용액을 교반시켜 mentol emulsion을 완성시킨다.

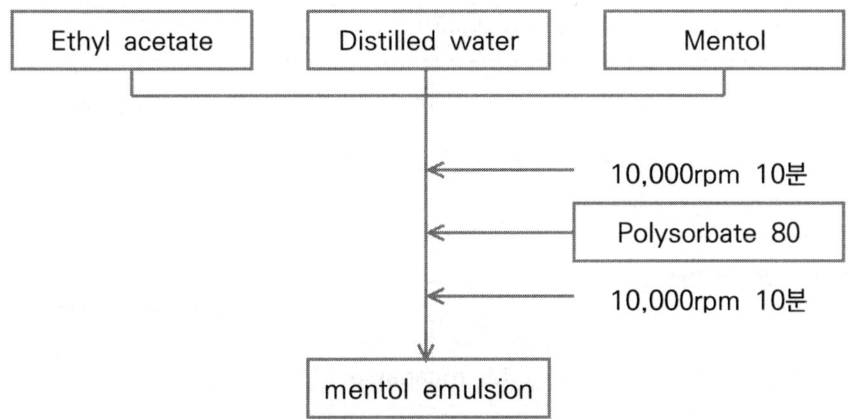

Fig. 1. Flow chart of mentol emulsion process.

2.2.2 Microcapsulation 제조

첫 번째 shell material 제조 방법은 환류냉각기가 장착된 삼구플라스크에 천연 고분자 일종인 lecithin 10g을 넣고 400rpm at 65℃ for 60분 조건으로 호모믹서를 이용하여 교반시킨다.

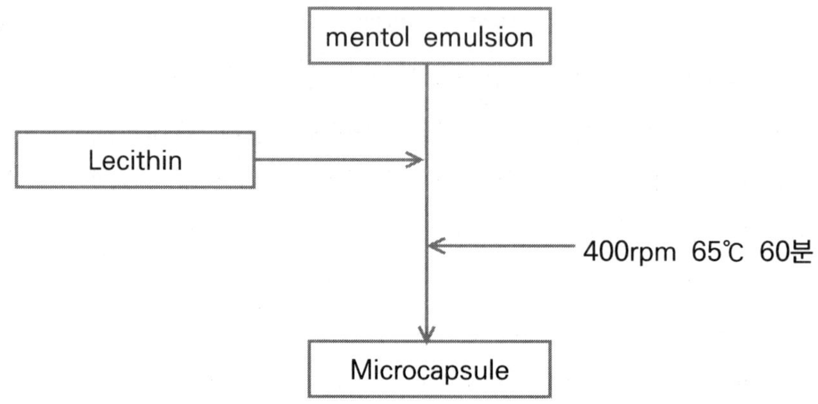

Fig. 2. Flow chart of microcapsulation with core-mentol and shell-Lecithin.

두 번째 합성고분자인 멜라민 수지인 shell material 제조 방법은 환류냉각기가 장착된 삼구플라스크에 melamine 2.5g, formaldehyde 11g, urea 2.5g, distilled water 10g을 넣고 400rpm at 65℃ for 60분 조건으로 호모믹서를 이용하여 교반한다. 여기에 Fig. 1에서 제조한 코아 물질을 천천히 가한 후 60분 동안 400rpm으로 교반시켰다.

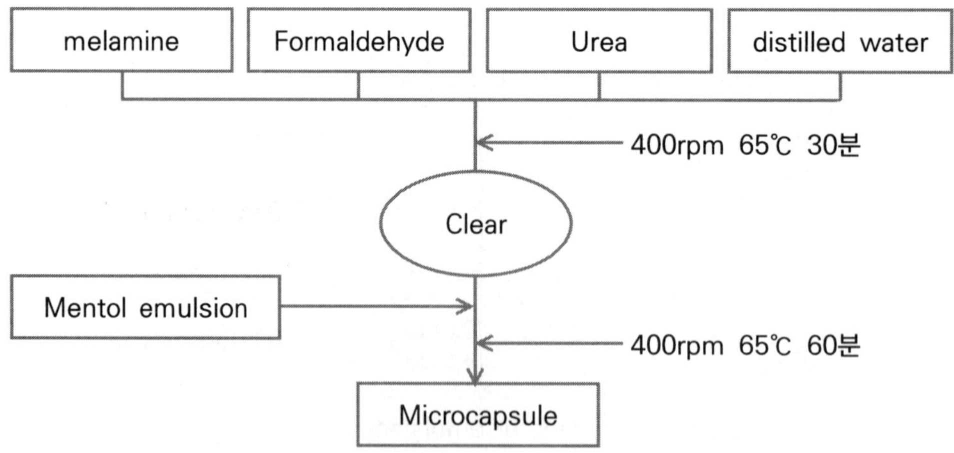

Fig. 3. Flow chart of microcapsulation with core-mentol and shell-melamine resin.

2.3 장비 및 분석 장비

마이크로캡슐을 제조에 이용된 장비 및 분석기기는 Homogenizer(Daihan사)와 Mechanical stirrer(HT50XD, wisd laboratory instruments사)를 사용하였고, 분석기기로는 OM(BX51, Olympus사), DLS(ELSZ-2000, Otsuka사) SEM(JSM-7610F-PLUS, JEOL사), FT-IR(Vertex 70, Bruker사), TGA(Q50, TA Instrument사), DSC(SDT Q600, TA Instrument사)를 사용하였다.

Ⅲ 결과 및 고찰

3.1. FT-IR 분석

Microcapsulation 합성을 확인하기 위하여 마이크로캡슐을 고체로 얻은 후 분석하였다. 코아-멘톨 쉘-천연 고분자로 제조한 마이크로캡슐에서 1740cm^{-1}에 카르보닐 피이크가 나타나는 것으로 코아-쉘 구조가 성공적으로 제조되었음을 확인하였다. 코아-멘톨, 쉘-멜라민 수지로 합성된 마이크로 캡슐의 IR 스펙트럼을 분석과 결과 1차 및 2차 아민의 경우 3300~3200cm^{-1}에 나타나는 것으로 마이크로캡슐이 성공적으로 제조됨을 확인하였다.

3.2. DLS 입자 크기 분석

에멜젼 상태의 입자 크기와 microcapsulation 후 입자 크기를 확인하기 위하여, 증류수에 0.01% 희석을 하여 25℃에서 3번 측정하였다. 코아-멘톨 135.46nm로 측정되었으며 Lecithin으로 캡슐레이션 후에는 2138.5nm로 사이즈가 증가하였다. 약 15배정도 사이즈가 증가한 것으로 보아 캡슐레이션이 성공하였다고 판단된다. Emulsion입자 크기는 83.4nm로 측정 되었으며, melamine-formaldehyde-urea의 캡슐레이션 후에는 입자가 497.53nm로 약 6배 정도 증가되는 것으로 보인다. 코아-쉘 구조를 갖은 마이크로캡슐이 성공적으로 제조됨을 확인하였다.

3.3. OM 분석

Emulsion 상태의 입자의 형태와 microcapsulation 후 입자의 형태를 확인하기 위하여 광학현미경으로(optical microscope) × 200, × 400 배율로 입자 형태를 분석하였다. 입자의 형태를 관찰하고자 결과, Emulsion 형태에서는 제대로 된 구형보다는 점에 가까운 형태이지만 캡슐레이션 된 후에는 코어-쉘 구조가 형성되어져 있는 것으로 보여진다.

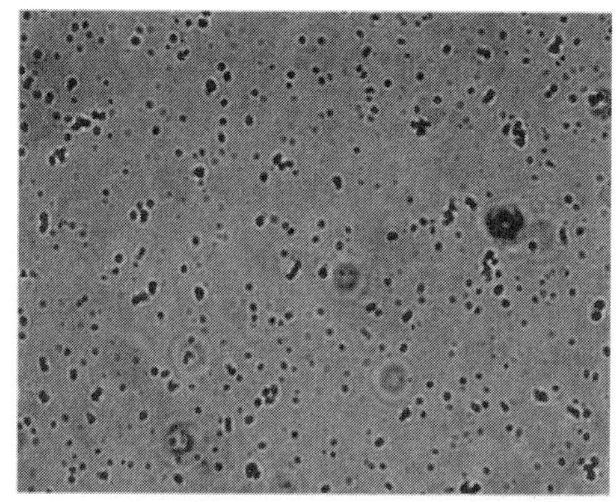
Fig. 4. OM image of mentol emulsion.

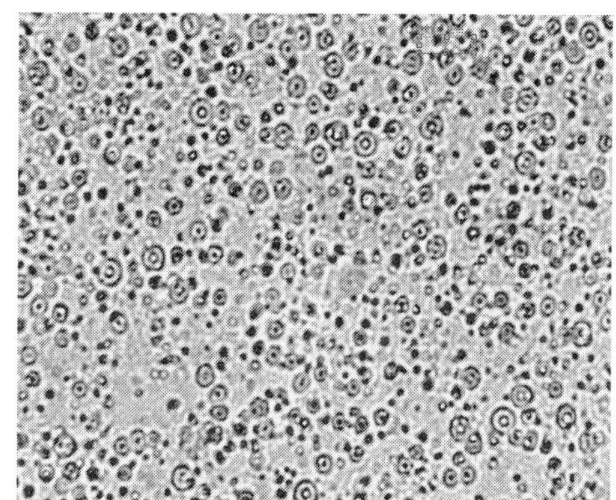
Fig. 5. OM image of microcapsuls with core-mentol and shell-lecithin.

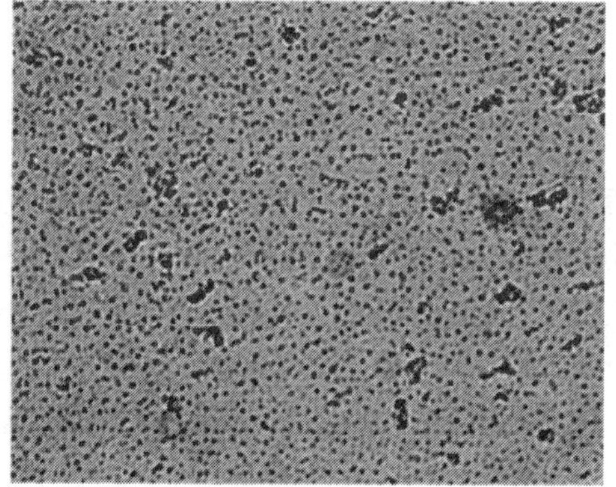
Fig. 6. OM image of mentol emulsion.

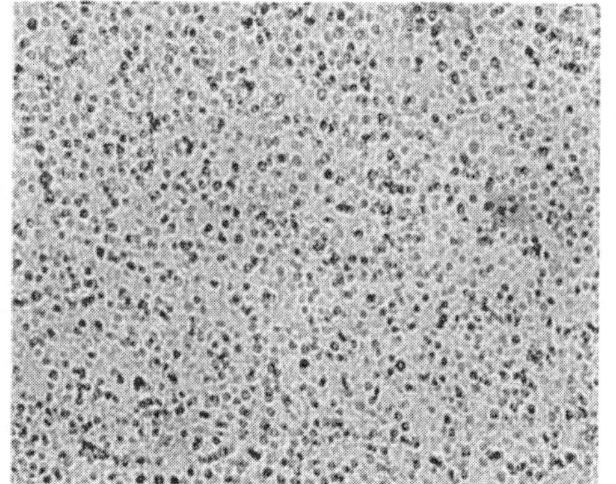
Fig. 7. OM image of microcapsuls with core-mentol and shell melamine-formaldehyde-urea resin.

3.4. DSC 분석

코아-쉘 구조가 형성됨을 확인하기 위하여 고체 시료를 얻어서, 승온 속도로 10℃/분 유지하여 분석하였다. Fig. 8은 코아-멘톨, 쉘-lecithin를 갖은 마이크로캡슐의 DSC를 나타내고 있다. lecithin이 97℃에서 융용됨을 확인할 수 있었다. Fig. 9의 코아-멘톨 쉘-melamine-formaldehyde-urea 수지 합성인 경우, 합성물 각각이 단계별로 녹는다는 것을 확인할 수 있었다.

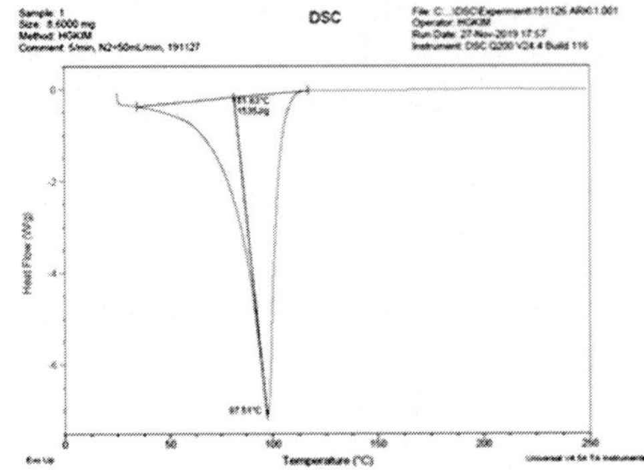

Fig. 8. DSC curves of microcapsule with core-mentol and shell-Lestine.

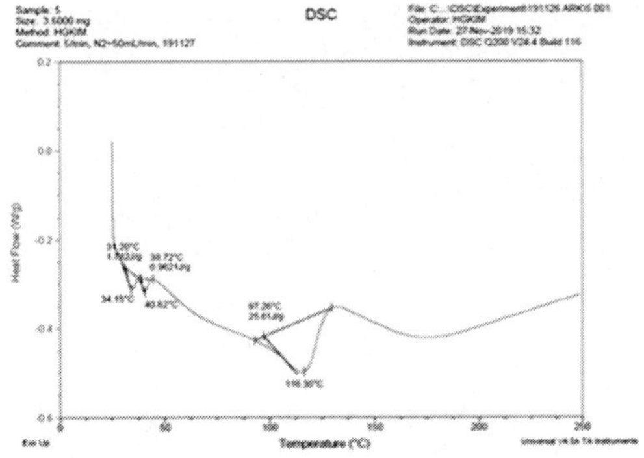

Fig. 9. DSC curves of microcapsule with core-mentol and melamine-formaldehyde-urea resin.

3.5. TGA 분석

멘톨을 함유한 microcapsule의 열중량 분석을 10℃/분의 승온속도와 질소 분위기 하에서 시간에 따른 중량 감소율을 측정하였다. Fig. 10은 코아-멘톨, 쉘-멜라민-포름알데히드-유레아 수지로 제조된 마이크로캡슐의 TGA곡선을 나타내고 있다. 50℃~120℃ 1차 질량 감소는 수분이 제거되는 것이고 2자 질량 감소 200℃~400℃는 멜라민 수지가 분해되는 것으로 판단된다. 이 결과로서 코아-쉘 구조가 잘 합성된 것을 확인할 수 있었다.

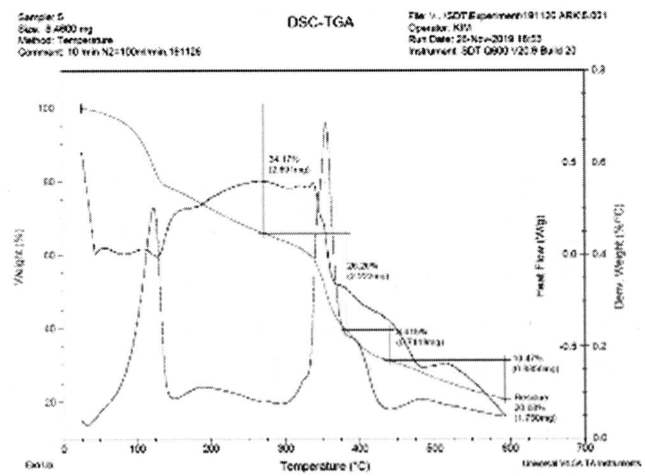

Fig. 10. TGA curves of microcapsules with core-mentol and shell-melamine-formaldehyde-urea.

3.6. SEM 분석

Fig. 10은 코아-멘톨 쉘-Lestine로 제조된 마이크로캡슐의 SEM 이미지이고, Fig. 11은 코아-멘톨 쉘-melamine-formaldehyde-urea 수지로 제조된 마이크로캡슐의 SEM 이미지를 보여주고 있다. 결과에서 알 수 있듯이 코아-쉘 구조는 모두 구형의 입자들임을 알 수 있었다. 합성고분자로 제조한 마이크로캡슐이 사이즈가 크다는 것을 알 수 있었다.

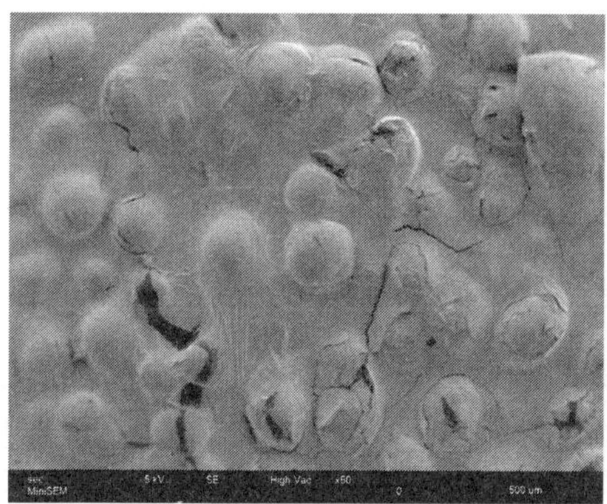

Fig. 11. SEM image of the microcapsules with core-mentol and shell-Lestine.

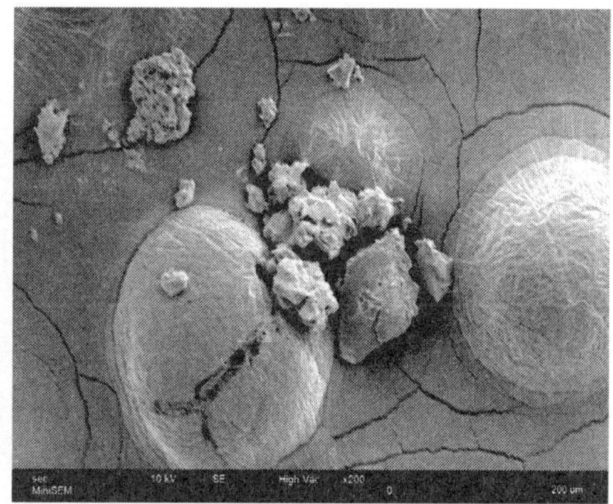

Fig. 12. SEM image of the microcapsules with core-mentol and shell-melamine-formaldehyde-urea resin.

Ⅳ 결 론

본 연구에서는 탈모방지 샴푸의 개발을 위해 캡슐을 제조하기 위하여, 기능성 마이크로캡슐을 제조하였다. 첫째로는 core-멘톨, 쉘-Lecithin(천연인지질), core-mentol, shell-Melamine-Formaldehyde-Urea resin(합성수지)를 갖은 기능성 마이크로 캡슐을 제조 후 분석한 결과 다음과 같은 결과를 얻었다.

(1) 멘톨 함유 마이크로캡슐은 wall-material의 종류에 따라 wall-material의 두께가 다르다는 사실을 확인할 수 있었다.
(2) core-material이 같아도 wall-material의 종류가 다를 때, 그에 따른 결과물이 액상과 고체상으로 서로 다른 결과물이 나온다는 것을 확인할 수 있었다.
(3) wall-material 중 Lecithin은 천연 인지질로, 인체에 무해하기 때문에 화장품에 접목시킬 수 있어 실제 제품으로의 생산도 가능할 것으로 판단된다.

참고문헌

1. Hyun Jin Kim, The Preparation of Rosewood Microcapsules by Interfacial Polymerization and Aromatic, Antimicrobial Finishing of Wool Fabric, Dept. of Clothing & textiles Sookmyung women's University; 200p, 2002.7
2. 구형모, 단백질 전달용 코어/셀 나노 입자의 형성에 관한 연구, 한남대, 2008. 2, p21
3. 황진철,피톤치드오일을 함유한 우레아-포름알데히드마이크로캡슐의 제조와 성질, 부산대학교p13-15,2009.02,
4. 비수계 염색용 마이크로캡슐의 제조 및 성질 전남대학교 응용화학공학부 최창남·박원규·변수진·이기영 p.2 2.4 측정 및 분석
5. 김현진, 계면중합에 의한 로즈우드 마이크로캡슐 제조 및 방향·항균가공, 숙명여대, 2001.12, p9
6. 신유식, 향 오일을 함유한 우레아 포름알데히드 마이크로캡슐의 제조와 특성, 전북대학교, 2001.02.22.,p15-1
7. 조중연, 추출 방향성 물질을 함유한 마이크로 캡슐의 제조와 한지에의 적용, 용인송담대학, 2000,p77-78
8. Vivek Dave, Lipid-polymer hydrid nanoparticles; Development & statistical optimization of norflowacin for topical drug delivery system, 275p, 2017.7
9. 김창민,방향성 물질을 함유한 멜라민 마이크로캡슐의 제조 및 특성, 부산대학교, 2004.02,p20-21
10. 오근상, 코어/쉘 구조를 가지는 나노입자의 형성과 약물전달 체계로의 응용에 관한 연구, 한남대, 2010. 2,

코아-인계 난연제, 쉘-멜라민-포름알데히드-유레아 마이크로캡슐의 제조 및 특성평가

안효정, 장혜성, 이예린, 임동희, 최성호

본 실험에서는 환경 친화적인 비할로겐 인계 난연제로 core material로 사용하고, shell material은 멜라민-포름알데히드-유레아 합성수지를 갖은 난연 마이크로캡슐을 제조하고, 난연 마이크로캡슐의 특성(FT-IR spectrophotometer), 마이크로캡슐의 크기 및 형태(DLS, OM, SEM), 마이크로캡슐의 열분석(DSC와 TGA)을 통하여 난연 마이크로캡슐의 성공적인 제조 여부를 판단한다.

I 서 론

인구 증가에 따라 부족한 택지의 효율화를 위하여 주택의 고층화 및 건물 밀집화 지역이 확대됨에 따라 화재 발생 요인이 증가하여 해마다 수천 건이 화재로 재산 손실과 인명피해가 발생함으로 난연 성능, 내구성 및 안정성에 관한 엄격한 관리가 시행되고 있다(1.2).

특히 산업용 내장재, 공공장소에 설치된 벽지, 시트류, 페인트 등에 보다 높은 난연성이 요구되고 있는 추세이다. 난연제 중합물의 개발은 세계적으로 많이 이루어지고 있으나, 용도에 제한이 있고 또한 제조과정이 복잡하다.

난연성 섬유소재는 염소나 브롬 같은 할로겐 화합물을 이용하여 난연성을 지닌 고분자물의 난연화, 제조된 섬유에 대한 후가공법으로 발전하여 왔으나 화재 시 이러한 할로겐 화합물에서 비롯되는 각종 환경오염 및 인체 위해성 문제로 인하여 기존 난연제에 대한 각종 규제가 강화되고 있으며 이에 환경 친화적인 비할로겐 계열이 난연제에 대한 요구가 확대되고 있다. 그러나 비할로겐계 난연제는 친환경적이기는 하지만, 난연성이 떨어지고 난연제 부착방법도 쉽지가 않다(3-5). 이러한 문제점을 해결하기 위한 방법이 난연물질의 마이크로캡슐화이다.

마이크로캡슐의 기술은 액체, 필름, 그리고 섬유를 코팅하는 것과 같이 기질의 내구성을 증가시키기 위해 shell과 고분자를 사용한 응용 기술이며, shell의 물질로서 멜라민-포름알데히드를 사용하기도 하는데 포름알데히드는 열경화성으로 열과 산에 대한 내구성이 좋은 것으로 보고되고 있다(6-7).

마이크로캡슐의 core를 보호하기 위해서 벽물질을 필요로 하며, 마이크로캡슐은 고습 및 고온 상태에서 매우 안정적인 고분자를 사용하고 있다. 특히, 벽 물질 중에서 melamine-formaldehyde 수지는 in situ 중합법을 통해 쉽게 합성할 수 있다(8).

내부 물질의 표면막은 합성고분자 및 천연고분자가 사용된다. 그 대표적인 예는 멜라민, 우레탄, 아크릴 수지, 에폭시, 전분질, 젤라틴, 키토산, 알긴산 등이 있다. 한편, 합성 및 천연고분자를 이용하여 내부물질의 표면막을 형성시키기 위해서는 내부물질을 미세 에멀젼 입자로 제조해야 하는데, 일반적으로 계면활성제가 사용된다(9).

따라서, 본 연구에서는 환경 친화적인 비할로겐 계열의 polyphosphoric acid와 난연성의 성능을 향상시키고자 boric acid를 core material로 사용하여 마이크로캡슐레이션을 제조해보았다.

II 실 험

2.1 시약 및 재료

본 실험에서는 친수성을 지닌 core-material로 합성 폴리인산과 붕산(삼전화학사)을 사용하였고, 계면활성제는 polysorbate 80(SDBNI사)를 사용하였으며, Shell-material을 만들기 위해 멜라민(Hanawa사), 37% 포름알데히드(Fisher사), 우레아(DUKSAN사)를 사용하였다.

2.2 제조 및 분석기기

마이크로캡슐을 제조에 이용된 기기는 Homogenizer(Daihan사)와 Mechanical stirrer(HT50XD, wisd laboratory instruments사)를 사용하였고, 분석기기로는 OM(BX51, Olympus사), DLS(ELSZ-2000, Otsuka사) SEM(JSM-7610F-PLUS, JEOL사), FT-IR(Vertex 70, Bruker사), TGA(Q50, TA Instrument사), DSC(SDT Q600, TA Instrument사)를 사용하였다.

2.3 마이크로캡슐의 제조

(반응 1)은 멜라민-포름알데히드-우레아 수지의 제조 과정으로 멜라민(10.0g), 37% 포름알데히드(30.0g), 우레아(10.0g), 증류수(28.0g)을 넣고 온도를 65℃로 유지하면서 700rpm으로 60분간 교반시킨다. 반응이 완료되면 무색 투명한 멜라민-포름알데히드-우레아를 얻을 수 있다. (반응 2)는 에멀젼 제조과정으로 반응 용기에 폴리인산(5.00g), 붕산(3.00g), 에틸아세테이트(100g), 증류수(10.0g)를 넣고 상온에서 10,000rpm으로 10분간 강하게 교반시킨 후, polysorbate 80(2.50g)을 첨가해 동일한 조건으로 교반시킨다. (반응 3)은 마이크로캡슐의 제조과정으로 (반응 1)의 멜라민-포름알데히드-우레아 수지에 (반응 2)의 에멀젼 입자용액을 첨가한 후, 온도를 65℃로 유지하면서 700rpm으로 30분간 교반시킨다.

Fig. 1은 탈수반응으로 인한 core material의 합성과정을 나타낸다. 인계 난연제는 폴리인산과 붕산의탈수 반응하여 합성할 수 있었다.

Fig. 1. Synthesis of the flame retardant with poly(phophobonate) by dehydration reaction in water.

Fig. 2-(a)는 계면활성제인 polysorbate 80를 제외하고, 인계 난연제, 증류수, 에틸아세테이트를 homogenizer를 이용해 상온에서 10분간 10,000rpm으로 교반시킨 후의 모습이다. Fig. 2-(b)는 polysorbate 80 계면활성제를 첨가하여 동일한 조건으로 교반시켰을 때, 하얗게 혼탁한 모습을 볼 수 있는데 이것은 계면활성제가 w/o환경에서 친수성인 core material을 담지해 마이셀을 형성하며 에멀젼화 된 상태가 되었음을 알 수 있다.

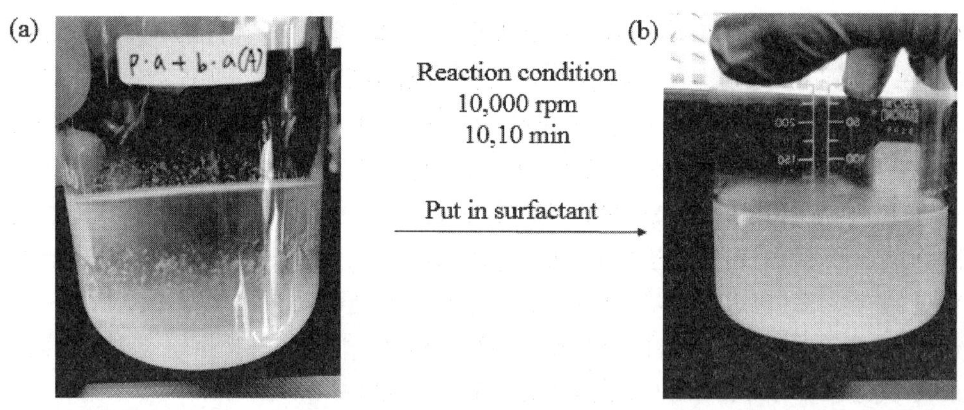

Fig. 2. Emulsion process by homogenation without surfactant (a) and with surfactant (b).

Fig. 3은 쉘 물지로 사용돼는 멜라민-포름알데히드-우레아 수지의 중합과정을 나타내고 있다. Fig. 4의 (b)는 멜라민-포름알데히드-우레아가 65℃에서 mechanical stirrer로 교반시킨 후 투명하게 변한 모습을 볼 수 있는데 이는 첨가반응에 의해 멜라민-포름알데히드-우레아가 합성된 것을 알 수 있다. 이 후 에멀젼용액을 첨가

하면서 축합반응에 의해 석출된 수지는 마이크로캡슐의 코어 표면에 침적되면서 마이크로캡슐을 형성하게 된다(8).

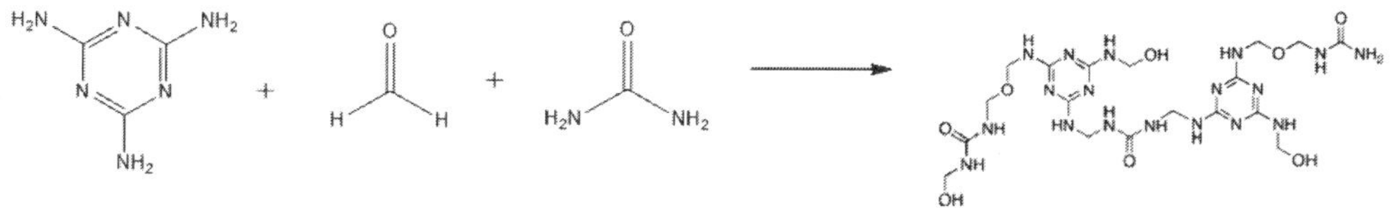

Fig. 3. Polymerization process of melamine-formaldehyde-urea resin.

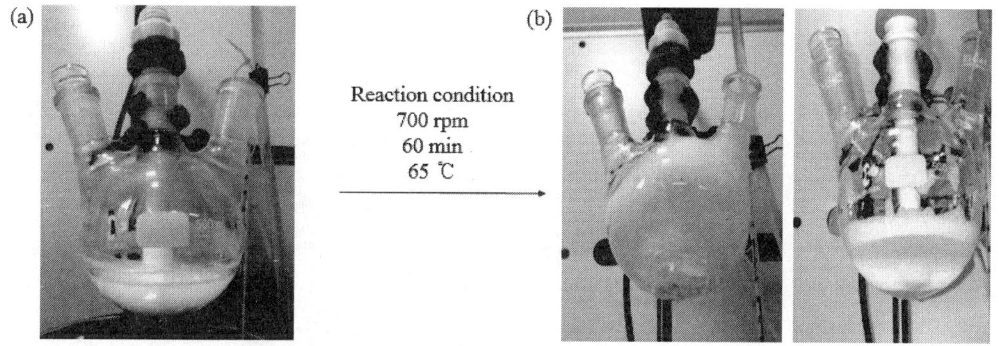

Fig. 4. Photos of the microcapsule with core and shell structure.
(a) before, (b) after formation of melamine-formaldehyde-urea resin.

Ⅲ 결과 및 고찰

3.1 난연 마이크로캡슐의 모양 및 크기 분석

Fig. 5와 6은 각각 에멀젼 용액의 분포와 크기를 OM과 DLS를 측정하여 나타낸 결과이다. Fig. 5의 현미경 사진을 보면 원형 모양의 에멜젼이 형성된 것을 나타내며 이를 DLS로 측정한 결과 Fig. 6과 같이 평균 약 1.9㎛임을 확인할 수 있었다. Fig. 7은 제조된 마이크로캡슐의 현미경 사진으로 x400배 배율에서 뚜렷이 캡슐 입자가 확인된 것을 볼 수 있고, Fig. 8은 제조된 마이크로캡슐의 DLS 입자크기를 나타낸 결과인데 평균 약 3.7㎛로 에멀젼 용액에 shell이 코팅되며 마이크로캡슐이 형성되어 크기가 커진 것으로 사료된다.

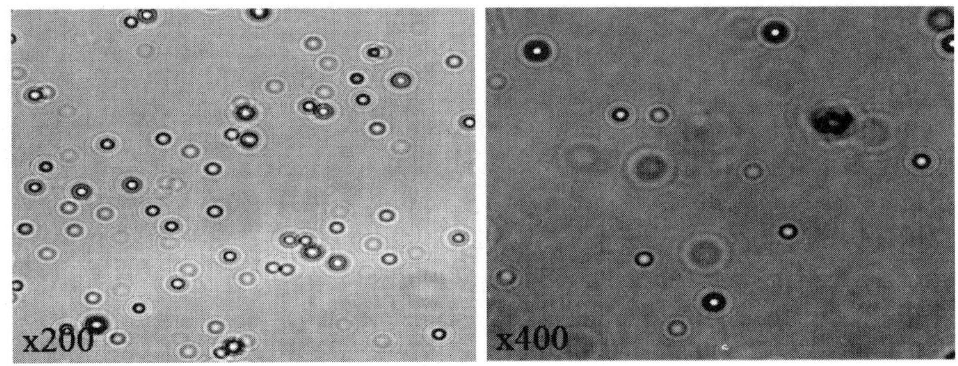

Fig. 5. OM images of the emulsions with core-flame retardant.

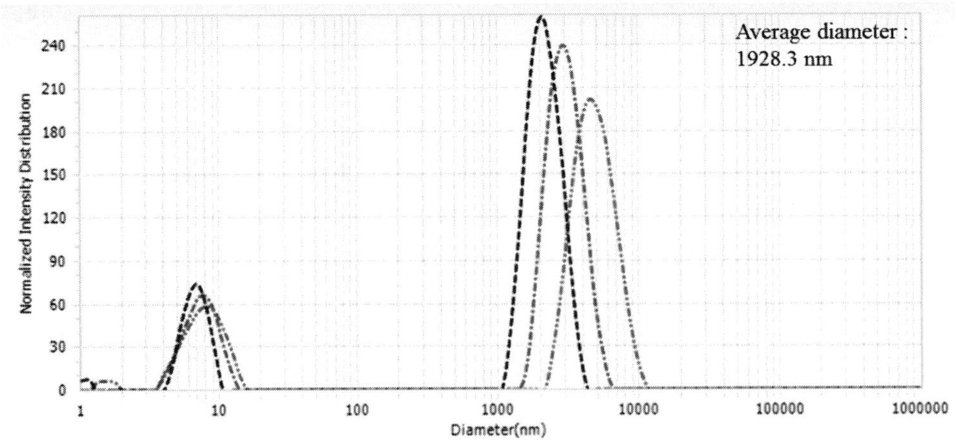

Fig. 6. Dynamic light scattering of the emulsions with core-flame retardant.

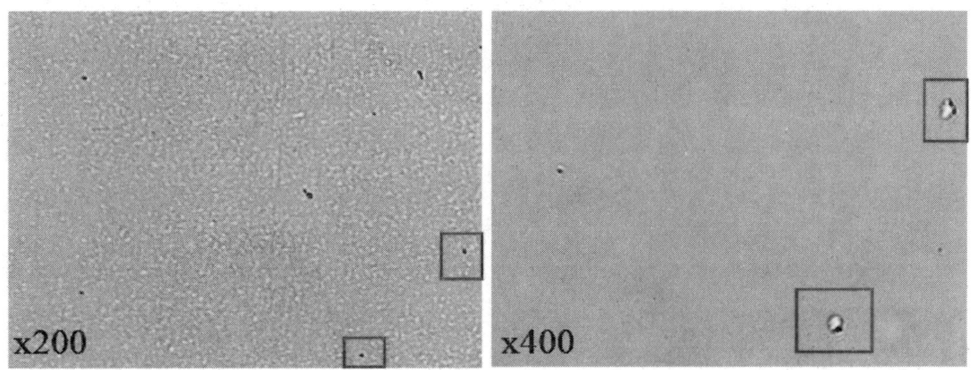

Fig. 7. OM images of the microcapsules with core-flame retardant and shell-melamine-formaldehyde-urea resin.

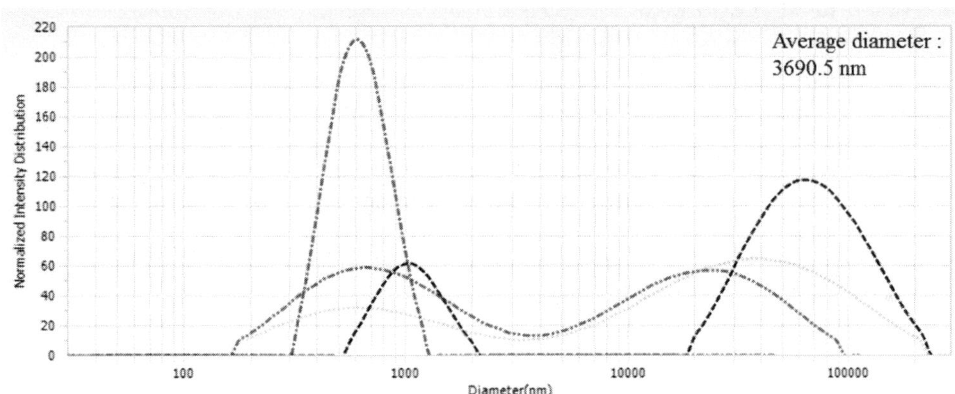

Fig. 8. Dynamic light scattering the microcapsules with core-flame retardant and shell-melamine-formaldehyde-urea resin.

Fig. 9는 제조된 마이크로캡슐의 주사전자현미경(SEM) 사진을 나타내었다. 부드러운 둥근 표면을 갖는 것으로 볼 때 캡슐은 형성되었지만 구형의 모양들이 서로 붙은 모습을 보이는데 이는 shell material의 함량이 총량의 40%(w/w)로 너무 많이 합성된 것으로 보여지며 캡슐 가운데에 보이는 pore은 core 자리로 인해 생긴 것으로 사료된다.

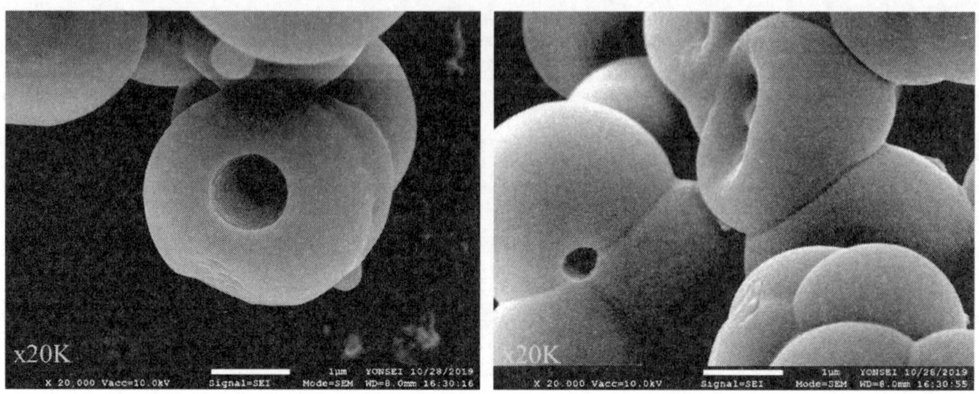

Fig. 9. SEM images of the microcapsules with core-flame retardant and shell-melamine-formaldehyde-urea resin.

3.2. 난연 마이크로캡슐의 열분석

Fig. 10은 core material의 TGA 결과로 2단계의 무게 감소가 나타나는데 무기물인 폴리인산과 붕산이 반응하면서 P_2O_3와 BO_3의 산화물로 인한 무게감소로 사료된다. Fig. 11는 마이크로캡슐의 TGA 결과로 4단계의 걸쳐 무게감소가 발생된 것을 볼 수 있다. 1단계는 200℃ 이하에서 물에 의한 감소로 보여지며 2단계는 shell에 의한 무게감소로 200~400℃에서 나타났다. 3, 4단계는 약 46%의 core 물질의 무게감소로 발생된 것으로 보여진다.

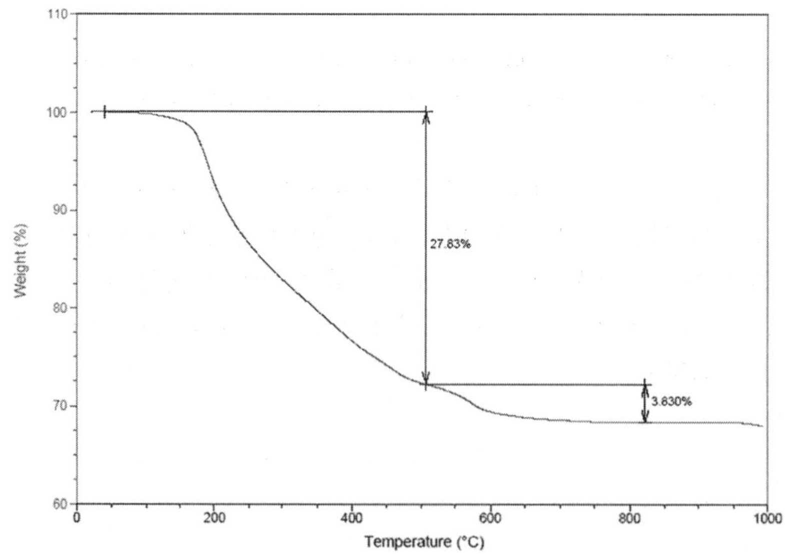

Fig. 10. TGA curves of the emulsions with core-flame retardant.

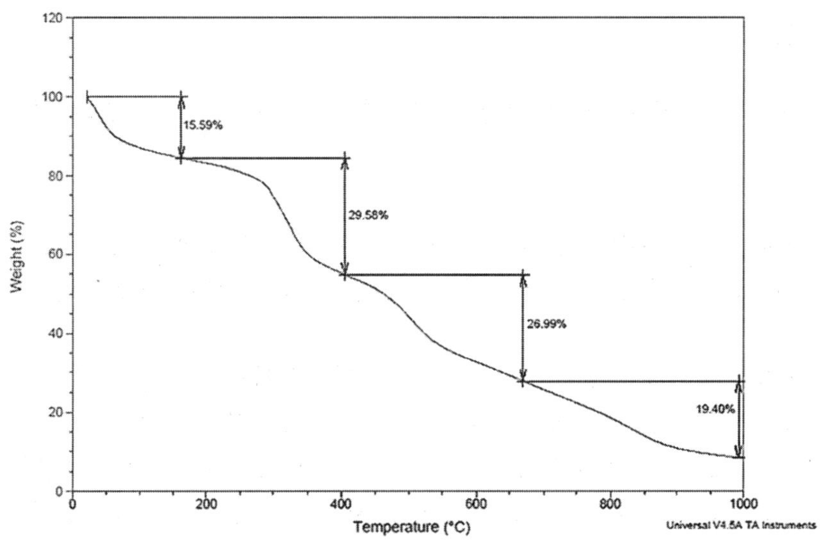

Fig. 11. TGA curves of the microcapsules with core-flame retardant and shell-melamine-formaldehyde-urea resin.

Fig. 12은 흡열피크에 의한 core material 및 마이크로캡슐의 DSC의 결과를 나타낸다. 먼저 core material은 94.12℃부터 polymer가 벗겨지면서 core 물질인 폴리인산과 붕산의 난연효과가 187℃ 부근에서 발생하는 것으로 보이는데 이는 Fig. 12의 약 70%의 무게 감소 온도와 유사한 것으로 보인다. 캡슐의 DSC결과는 78.99℃에서 난연 효과가 발생되었다.

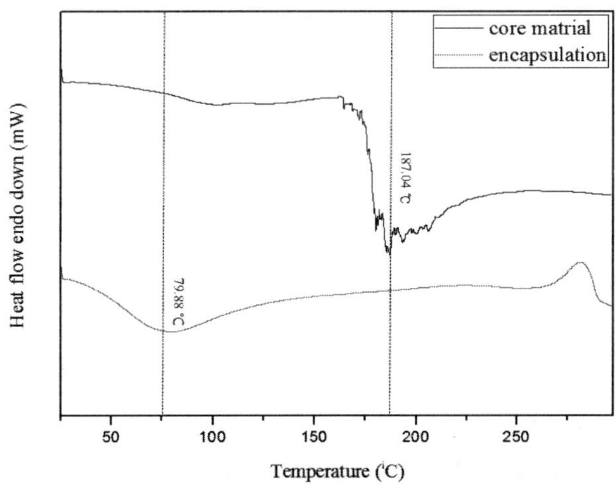

Fig. 12. DSC curves of the core material and microcapsules with core-flame retardant and shell-melamine-formaldehyde-urea resin.

Ⅳ 결 론

본 연구에서는 난연 마이크로캡슐을 제조하고 평가하였다. 그 결과 다음과 같은 결론을 얻었다.

(1) 제조된 마이크로캡슐의 구조는 FT-IR로 확인한 결과 carbamate group 1740cm^{-1} 부근의 피크가 나타나 합성이 성공적으로 제조됨을 확인할 수 있었다.
(2) 에멀젼과 마이크로캡슐의 입자분포 및 평균입자의 크기는 각각 약 1.9μm, 3.7μm로 encapsulation함으로써 shell이 코팅되어 크기가 커지는 경향을 OM과 DLS를 통해 확인하며 마이크로캡슐이 형성됨을 알 수 있었다.
(3) 마이크로캡슐의 형태 및 표면 분석을 SEM으로 관찰한 결과 두껍게 쌓여진 것을 볼 수 있었는데 이는 shell material의 함량이 총량의 40%(w/w)로 너무 많이 합성된 것으로 보여진다.
(4) 열 안정성을 확인하기 위해 TGA와 DSC를 확인한 결과 마이크로캡슐은 열적으로 안정한 물질임을 알 수 있다.

참고문헌

1. 한영균, 민성기, 박찬영, 2014, "비할로겐형 phosphate계 난연제의 합성 및 특성 결정", 한국고무학회. vol.49, no.4, pp.313-322
2. 김경기, 2009, "인산아마이드계 난연제의 합성 및 난연특성에 관한 연구", 경일대학교 석사학위논문
3. 김혜인, 홍요한, 박수민, Kim Hea-In, Hong Yo-Han, Park Soo-Min, 2008, "난연기능 nano 및 microcapsule의 개발 및 응용(Ⅰ)", 한국염색가공학회지, vol.20, no.4, pp31-42
4. 홍요한, 2009, "친환경 난연 폴리우레아 마이크로캡슐의 제조와 성질", 부산대학교 석사학위논문
5. 한종일, 이철규, 정우성, 이덕희, 이병욱, 2008, "비 할로겐 인계 난연제에 대한 난연효과 연구", 한국철도학회 2008년도 춘계학술대회논문집, pp1772-1776
6. 신유식, 2001, "향 오일을 함유한 우레아-포름알데히드 마이크로캡슐의 제조 및 특성", 전북대학교 석사학위논문
7. 백경현, 이준영, 홍상현, 김중현, 2004, "에폭시 수지를 이용한 인계 난연제의 마이크로캡슐화 및 열적 특성 연구", 한국고분자학회, vol.28, no.5, pp404-411
8. 금창헌, 2008, "멜라민 포름알데하이드의 in-situ 중합에 의한 상전이 물질의 마이크로 캡슐화에 관한 연구", 한양대학교 석사학위논문
9. 오성대, 최성호, 이세희, 이광필, 김상호, 2005, "안정화제에 따른 멜라민-포름알데히드 마이크로캡슐의 제조", 한국분석과학회, vol.18, no.2, pp97-103

실험 3

코아-인계 난연제, 쉘-멜라민-포름알데히드 수지 난연 마이크로 캡슐의 제조 및 특성평가

이수인, 김혜림, 민혜지, 최성호

본 실험에서는 코아-인계 난연제, 쉘-멜라민-포름알데히드 수지를 갖은 난연 마이크로캡슐을 제조하고, 난연 마이크로캡슐의 성공적인 제조 여부를 평가하는 것을 목표로 한다. 난연 마이크로 캡슐의 구조적 특성(FT-IR spectrophotometer), 난연 마이크로캡슐의 크기 및 형태 특성(DLS, OM, SEM), 난연 마이크로캡슐의 열적 특성(DSC와 TGA)을 평가하였다.

Ⅰ 서 론

우리나라를 비롯한 많은 국가들의 삶의 질이 높아지고 환경문제와 안전문제에 많은 관심을 쏟게 되면서 그에 관한 법률과 규제가 강화되고 있는 상황이다. 과거와 달리 최근 국내외 건축물의 대형화 및 고층화로 인해 화재 발생 시 대형화재로 이어지는 경향이 발생하고 있어서 화재예방과 인명보호에 대한 관심이 높아지고 있다. 화재 발생 시 안전을 고려한 난연화 필요성이 증대하고 있기 때문에 환경 친화적인 화재 안전 재료의 개발에 대한 요구가 증가하고 있다(1). 그동안 팽창성, 인 또는 질소 기반의 난연제 또는 무기 충진제와 같은 다른 난연제가 널리 적용되어왔다(2-7). 난연제는 전자제품, 케이블, 전선 피복, 홈 인테리어 제품, 건축 자재 및 내장재, 고분자 수지의 난연제, 코팅 및 페인트 첨가제, 수송기기 등 사회 전반적인 분야에 사용되고 있는 실정이다(8). 그러나, 현재 국내의 난연 시장의 경우 난연제 수입율이 80% 이상으로 일부 제품을 제외 시 100%의 수입 의존도를 보인다(대부분이 브롬계열). 무기계, 인계 제외 시 수입의존도는 거의 100%에 달하고, 인계 난연제의 경우 약 20% 정도만이 국내 개발 제품이며, 국내 관련업체들의 기술개발 제품들은 그 수준이 매우 약한 상황이다. 또한, 브롬계 난연제는 유해성 논란 때문에 전 세계적으로 규제 대상이 되었거나, 규제를 시키기 위해 논의 중으로 브롬계 사용은 점차 사라지게 될 것이라는 예측이 업계 관련 의견이다(9-10). 따라서 본 연구실에서 반도체 공정에서 폐액으로 발생하는 인산을 이용하여 인계 난연제인 폴리인산을 합성하여 상품화에 성공하였다. 그러나 폴리인산의 경우 다양한 고분자 수지와 혼합하는데 문제점을 가지고 있어 응용성이 낮다는 단점을 가지고 있었다. 따라서 본 연구에서는 난연제인 폴리인산을 응용성을 높이기 위하여 멜라민-폼알데하이드의 쉘을 갖은 난연 마이크로캡슐을 제조하였다. 난연 마이크로캡슐은 불이 붙으면서 오는 자극에 의해 깨지고, 그 안에 있는 합성 난연제가 터져 나와 난연제 역할을 하게 되는 원리이다. 구체적인 제조는 난연제인 polyphosphoric acid에 boric acid를 착물화 시키고, 비이온성 계면활성제인 Polysorbate 80로 에멀젼화 시키고 그 에멀젼 입자에 멜라민-포름알데히드 수지를 코팅시켜 코어-쉘 구조를 갖은 난연 마이크로캡슐을 제조하였다. 성공적인 제조여부는 OM, SEM, FT-IR 및 열분석(TGA 및 DSC)로 확인하였다.

II 연구방법

2.1 시약 및 재료

본 실험에서는 친수성을 지닌 Core-material로 합성 폴리인산과 붕산(삼전화학사)을 사용하였고, 계면활성제는 polysorbate 80(SDBNI사)를 사용하였으며, Shell-material을 만들기 위해 멜라민(Hanawa사), 3% 포름알데히드(Fisher사)를 사용하였다.

2.2 제조 및 분석기기

마이크로캡슐을 제조에 이용된 기기는 Homogenizer(Daihan사)와 Mechanical stirrer(HT50XD, wisd laboratory instruments사)를 사용하였고, 분석기기로는 OM(BX51, Olympus사), DLS(ELSZ-2000, Otsuka사) SEM(JSM-7610F-PLUS, JEOL사), FT-IR(Vertex 70, Bruker사), TGA(Q50, TA Instrument사), DSC(SDT Q600, TA Instrument사)를 사용하였다.

2-3. 코어-인계 난연제 쉘-멜라민-포름알데하이드 수지로 제조된 난연 마이크로캡슐의 제조

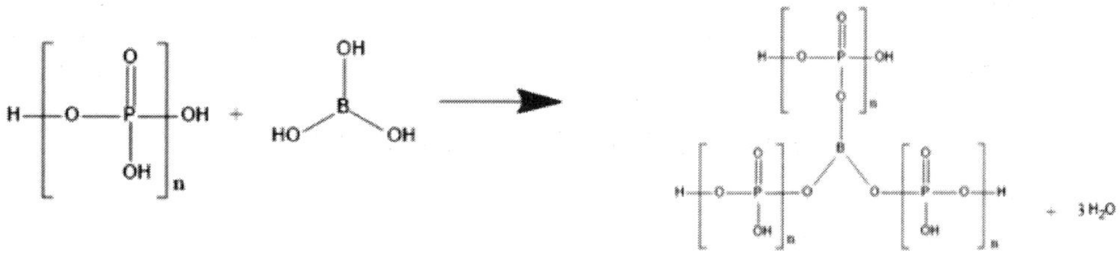

Fig. 1. 탈수 반응에 의한 난연성 코어 물질의 합성.

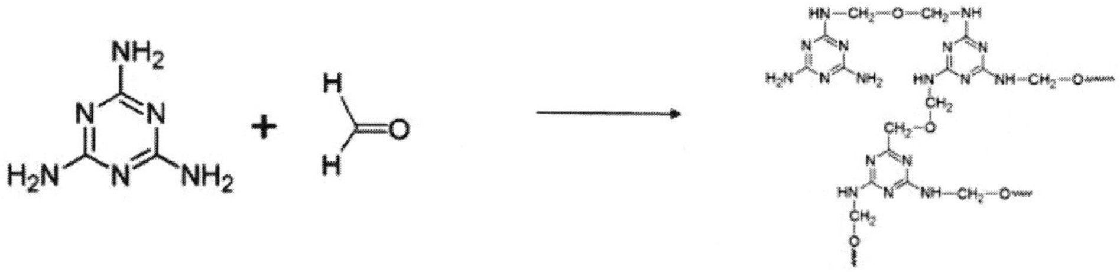

Fig. 2. Melamine-formaldehyde 쉘 물질의 합성.

Fig. 1은 난연 코어물질을 제조하는 방법으로, polyphosphoric acid(9.8g)과 boric acid(6.2g)를 water(20g)과 ethyl acetate(200g)에 넣고 Homogenizer로

10분간 10,000rpm으로 교반시킨 후, 계면활성제(polysorbate80) 5g을 추가로 넣고 10분간 10,000rpm으로 교반시킨다. Fig. 2는 쉘-멜라민-포름알데히드 수지의 제조방법으로, 반응용기에 water(25g), formaldehyde(30g)과 melamine(13g)을 넣은 후, 온도를 65℃ 유지하면서 mechanical stirrer에 5000rpm으로 교반시킨다. 난연 마이크로캡슐의 제조방법으로, 난연 코어 물질을 쉘-멜라민-포름알데히드 수지 용액에 천천히 첨가한 후 65℃에서 30분 또는 2시간 동안 반응시킨다. 구체적인 실험 조건은 Table. 1에 나타내었다. Table. 1은 다양한 난연 마이크로캡슐의 제조 비율을 나타내고 있다.

	No. 1	No. 2	No. 3	No. 4
Polyphosphoric acid	0.1mol(9.8 g)	0.1mol(9.8 g)	0.1mol(9.8 g)	0.1mol(9.8 g)
Boric acid	0.1mol(6.2 g)	0.1mol(6.2 g)	0.1mol(6.2 g)	0.1mol(6.2 g)
Polysorbate 80	X	5g	5g	5g
Formaldehyde	X	X	30g	30g
Melamine	X	X	13g	13g
Mechanical stirrer (rpm)	X	X	5000rpm	5000rpm
Times			2hr	30min

Table 1. 난연 마이크로캡슐의 제조 비율

III 결과 및 고찰

3.1 난연 마이크로캡슐의 구조적 특성(FT-IR spectrophotometer 분석)

난연제의 FT-IR 분석결과 강한 3500~3300cm^{-1}에서 피이크가 보였는데, 이는 CH stretching 이라고 생각되며, 1500~1400cm^{-1}에서 나타나는 피이크는 P=O가 존재한다는 것을 보여준다. 난연 마이크로캡슐의 FT-IR 분석 결과, 그 1250~1050cm^{-1}에서 C-O-C 피이크가 나타났으며, 1600~1500cm^{-1}에서 N=C가 존재한다는 것을 나타낸다. 그리고 1400~1250cm^{-1}에서 NH 피이크가 존재한다는 사실을 알 수 있었다. 이 결과로서 난연 마이크로캡슐이 성공적으로 제조됨을 확인할 수 있었다.

3.2 난연 마이크로캡슐의 크기 및 형태 특성(DLS, OM, SEM 분석)

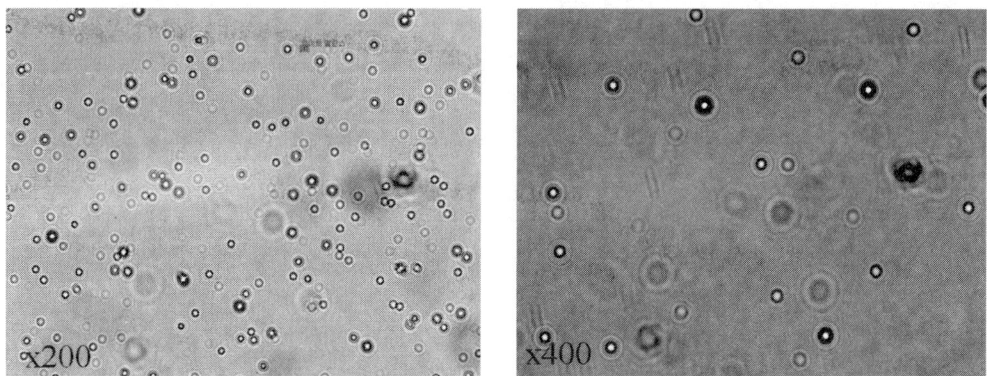

Fig. 3. 코어-난연제의 광학 현미경 분석결과(OM, x200, x400 of No.2 in Table 1).

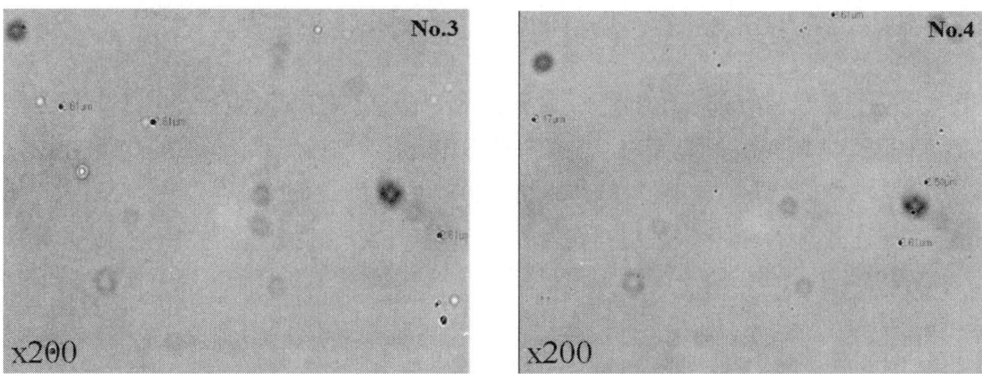

Fig. 4. 난연 마이크로캡슐의 광학 현미경 분석결과(OM, x200).

Fig. 3의 코어-난연제의 광학 현미경 분석결과와 Fig. 4의 난연 마이크로캡슐의 광학 현미경 분석결과를 나타내고 있다. 코어-난연제의 분석결과 크기는 대략 1.9~2.0μm이고, 쉘-멜라민계 수지로 코팅된 난연 마이크로캡슐의 크기는 대략 2.0~3.0μm인 것을 확인하였다.

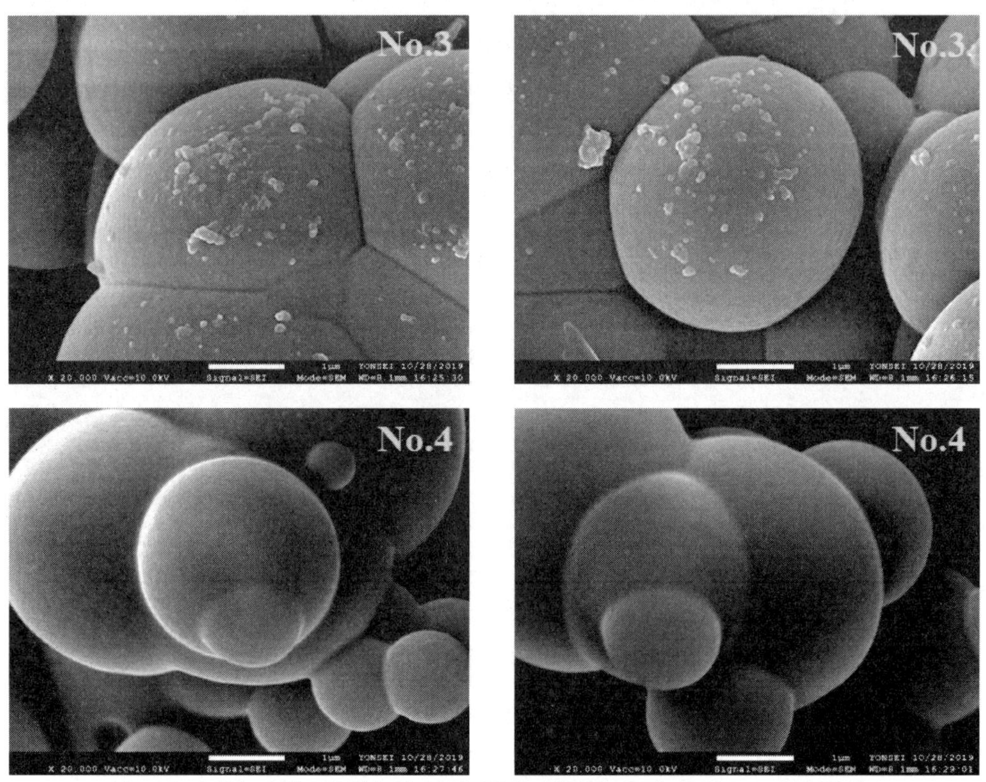

Fig. 5. 난연 마이크로캡슐의 주사 전자 현미경 측정 (SEM, ×20,000).

Fig. 5은 난연 마이크로캡슐의 SEM 분석결과를 나타내고 있다. No.3와 No.4의 난연 마이크로캡슐의 주사 전자 현미경 측정(SEM) 사진을 비교해 보면, 두 사이즈 모두 대략 2.0~3.0μm인 것을 확인할 수 있다. 또한, 2시간을 반응시킨 No.3 비해 30분만 반응시킨 No.4는 좀 더 작은 사이즈의 마이크로캡슐이 존재하는 것을 확인할 수 있었다.

3.3 난연 마이크로캡슐의 열적 특성(DSC와 TGA 분석)

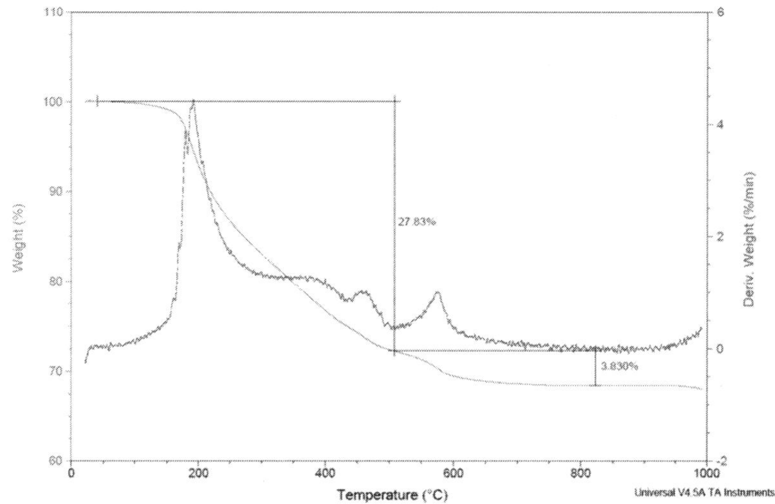

Fig. 6. 코어-폴리인산의 열 중량 분석기 측정(No.1 in Table 1).

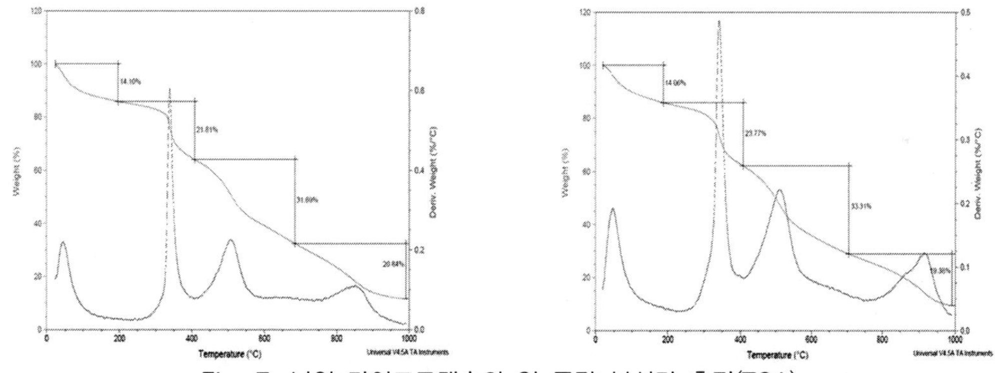

Fig. 7. 난연 마이크로캡슐의 열 중량 분석기 측정(TGA).

Fig. 6과 Fig. 7는 Table 1의 No.1과 No.3, No.4 제조된 샘플의 TGA 분석 결과를 나타내고 있다. No.1의 경우 200℃ 부근에서 약 30%의 질량결손이 일어난다. 이는 200℃에서 다량의 폴리인산이 분해되는 것을 보여준다. No.3와 No.4는 350℃ 부근에서 20~25%의 질량결손이 일어났고, 500℃ 부근에서 30~35%의 질량 결손이 일어난다. 이는 350도에서는 쉘-멜라민-포름알데하이드 수지가 분해되는 것을 보여주며, 쉘이 깨지고 난 뒤 500℃에서는 폴리인산이 분해되는 것을 나타내고 있다.

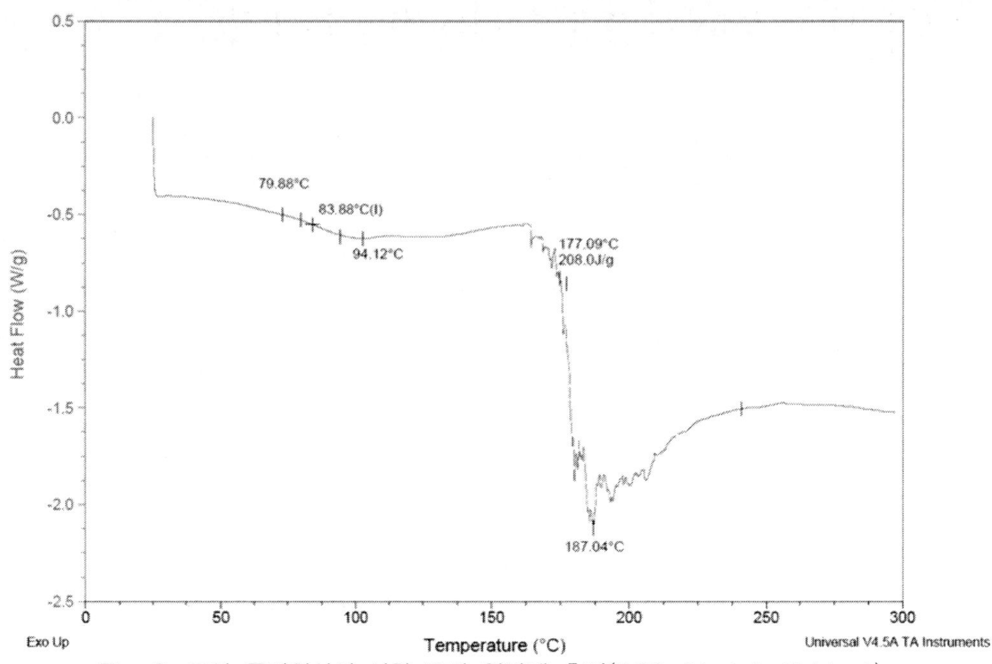

Fig. 8. 코어-폴리인산의 시차 주사 열량계 측정(DSC, No.1 in Table 1).

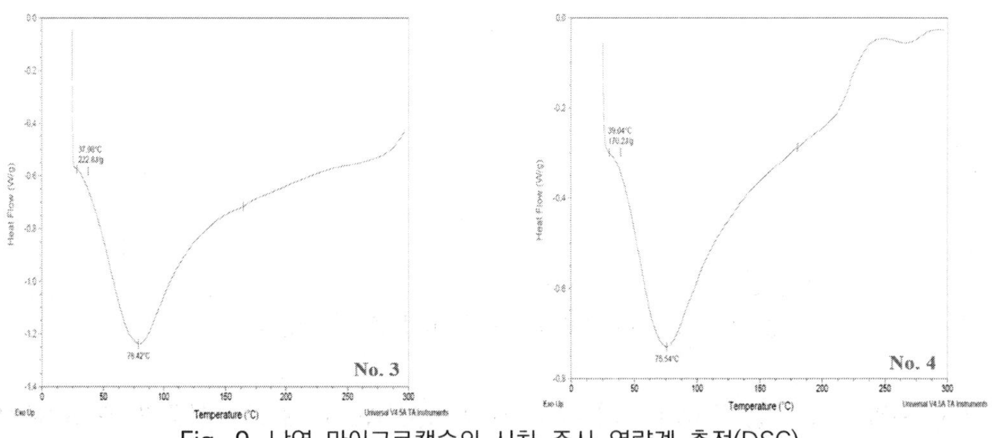

Fig. 9. 난연 마이크로캡슐의 시차 주사 열량계 측정(DSC).

Fig. 8과 Fig. 9은 Table 1의 반응조건에서 제조된 No.1과 No.3, No.4의 DSC 측정결과이다. No.1은 폴리인산이 177.09℃부터 ~~용융~~(melting)되기 시작하고, 엔탈피 변화량(ΔH)은 208.0J/g이다. No.3와 No.4는 35~40℃부터 ~~용융~~(melting)되기 시작하고, 엔탈피 변화량(ΔH)은 약 170~220J/g이다.

Ⅳ 결 론

본 연구에서는 멜라민-폼알데히드 폴리머를 폴리인산염(W/O)에 캡슐화하여 난연 마이크로캡슐을 준비했다. 난연 마이크로캡슐화는 OM, SEM 열분석(TGA와 DSC), IR을 통해 특성평가 되었다. IR, OM, SEM 및 열분석(TGA 및 DSC)을 통해 난연 마이크로캡슐이 성공적으로 만들어졌음을 확인하였다. 제조 된 난연 마이크로캡슐의 크기는 OM 영상과 SEM 영상을 확인한 결과 2.0㎛~3.0㎛ 범위였다. 코어 재료의 TGA 분석 결과는 난연 마이크로캡슐에서 35% 미만이다. IR 분석결과를 통해 코어 물질의 합성과 melamine-formaldehyde 쉘 물질의 합성이 성공적으로 일어났음을 확인하였다. 준비된 난연 마이크로캡슐은 상용 폴리머에 혼합 재료로 사용할 수 있음을 확인하였다.

참고문헌

1. Alaee M, Arias P, Sjödin A, Bergman Å: An overview of commercially used brominated flame retardants, their applications, their use patterns in different countries/regions and possible modes of release. *Environ Int* 2003, 29:683-689.
2. Veen IVD, Boer JD: Phosphorus flame retardants: Properties, Production, environmental occurance, toxicity and analysis. *Chemosphere* 2012, 88:1119-1153.
3. Kajiwara N, Noma Y, Takigami H: Brominated and organophosphate flame retardants in selected consumer products on the Japanese market in 2008. *J Hard Mater* 2011, 192:1250-1259.
4. Kim YS, Davis R, Cain AA, Grunlan JC: Development of layer-by-layer assembled carbon nanofiber-filled coating to reduce polyurethane foam flammability. Polymer 2011;52:2847-2855.
5. Thumsorn S, Yamada K, Leong YW, Hamada H: Thermal decomposition kinetic and flame retardancy of $CaCO_3$ filled recycled polyethylene terephthalate/recycled polypropylene blend. *J Appl Polym Sci* 2013, 127:1245-1256.
6. Haiyang D, Kun H, Shouhai L Lina Z, Jianling Z, Mei L: Journal of Analytical and Applied Pyrolysis, Synthesis of a novel phosphorus and nitrogen-containing bio-based polyol and its application in flame retardant polyurethane foam. Volume 128, November 2017, Pages 102-113
7. Ramesh S, Punithamurthy K, ScienceDirect, Synthesis, characterization and fire retardant properties of novel nanocomposite based on polyethylene vinyl acetate/polyurethane acrylate/clay. Materials Today: Proceedings 5 2018, 8933-8939.
8. 박창순, 정우원: 난연제의 소개 및 최근 동향. *고무기술* 2000, 1:114-122.
9. Hwi-eon P, Yong-chul J, Jong-hyun C: A Study of Regulations and Treatment of Products and Waste containing Brominated Flame Retardants. *한국폐기물자원순학회 학술발표논문집* 2017, 25.

10. Sun H, Pil-je K: International Restrictions and Counterplans of Brominated Flame Retardants . *공업화학전망* 2005, 8:3-20.
11. D. Lin-Vien, N. B. Colthurp, W. G. Fateley, and J. G. Grasselli, The Handbook of Infrared and Raman Characteristic Frequencies of Organic Molecules. *Academic* 1991.

코아-레몬향, 쉘-멜라민 수지 마이크로캡슐의 제조 및 특성평가

홍혜민, 황수진, 정연주, 조자연, 최성호

본 연구에서는 코어-레몬향과 쉘-melamine-urea-formaldehyde를 중합반응 시켜서, polymer 벽막을 형성시켜 마이크로캡슐화를 진행하였다. 에멜젼 및 마이크로캡슐의 마이크로캡슐의 특성(FT-IR spectrophotometer), 마이크로캡슐의 크기 및 형태(DLS, OM, SEM), 마이크로캡슐의 열분석(DSC)을 평가하여 성공적인 합성 여부를 평가하였다.

Ⅰ 서 론

마이크로캡슐(Microcapusles)이란 일반적으로 고체, 액체 혹은 기체 상태의 내부물질(Core)과 이들을 외부로부터 보호하는 딱딱한 막(Shell)로 구성된 1~1,000μm 단위의 초미립자를 말한다(1). 이러한 마이크로캡슐의 최초 상품화는 1950년대 감압복사지에 사용되면서 시작되었다. 그 후 마이크로캡슐은 기술의 발전에 따라 다양한 제조 방법과 새로운 적용이 시도되어 섬유뿐만 아니라 의약, 농약, 제지공업, 식료품, 화장품 등 다양한 분야에서 응용되고 있다(2).

마이크로캡슐의 기술은 여러 분야로 개발되어지고 있으며, 특히 외부에 민감한 반응을 하는 향 오일을 보호하기 위한 마이크로캡슐의 제조에 관심이 증가되고 있다. 향 오일을 코아 물질로 하는 마이크로캡슐의 기술은 액체, 필름, 그리고 섬유를 코팅하는 것과 같이 기질의 내구성을 증가시키기 위해 shell과 고분자를 사용한 응용기술이며, shell 물질로서 멜라민-포름알데히드를 사용하기도 하는데, 포름알데히드는 열경화성으로 열과 산에 대한 내구성으로 좋은 것으로 보고되고 있다(3).

한편, 합성 및 천연고분자를 이용하여 내부 물질의 표면 막을 형성시키기 위해서는 내부물질을 미세 에멀젼 입자로 제조해야 하는데, 일반적으로 계면활성제가 사용된다. 계면활성제의 종류에 따라 미세 에멀젼 입자의 크기 및 형태가 다르며, 이러한 미세 에멀젼 입자의 특징을 이용하여 다양한 형태의 마이크로캡슐을 제조할 수 있다(4).

본 연구에서는 향기요법(Aromatherapy)에 적용할 수 있는 마이크로캡슐 제조를 목표로 하였는데, 연구에서 사용된 레몬(Citrus limonum)은 깨끗하고 가벼운 과일향을 풍기며 백혈구를 자극하여 감염증을 예방하는 효과와 함께 자율신경증 교감신경을 자극하여 흥분과 정신력 강화 효과를 가져 온다. 레몬은 뇌하수체에 작용하여 아드레날린 효과를 나타나게 하고, 심신의 피로, 식욕부진, 기억력과 면역력을 높이는데 효과가 있다(5).

따라서 Core-material은 레몬 에센셜 오일을 사용하였고, Shell-material은 Melamine-Urea-Formaldehyde polymer를 사용하여 향기나는 마이크로캡슐을 제조하였다. 제조된 마이크로캡슐은 OM, DLS, SEM, FT-IR, DSC, TGA 분석을 통해 특성을 평가하였다.

II 실험 및 연구방법

2.1 시약 및 재료

본 실험에서는 레몬 에센셜 오일(Lemon Essential Oil)은 산전화학제, 계면활성제는 polysorbate 80(SDBNI사)를 사용하였으며, Shell-material을 만들기 위해 멜라민(Hanawa사), 37% 포름알데히드(Fisher사), 우레아(DUKSAN사)를 사용하였다.

2.2 기구 및 장비

마이크로캡슐을 제조에 이용된 기기는 Homogenizer(Daihan사)와 Mechanical stirrer(HT50XD, wisd laboratory instruments사)를 사용하였고, 분석기기로는 OM(BX51, Olympus사), DLS(ELSZ-2000, Otsuka사) SEM(JSM-7610F-PLUS, JEOL사), FT-IR(Vertex 70, Bruker사), TGA(Q50, TA Instrument사), DSC(SDT Q600, TA Instrument사)를 사용하였다.

2-3. 향기 나는 마이크로캡슐의 제조

Fig. 1, 2 및 3은 향기 나는 마이크로캡슐화 과정을 나타내고 있다. 먼저 향기 오일을 에멜젼화 시켜 코아 물질을 제조하고, 쉘 물질인 멜라민-유레아-포름알데히드 수지를 코팅시켜 향기 나는 마이크로캡슐을 제조한다.

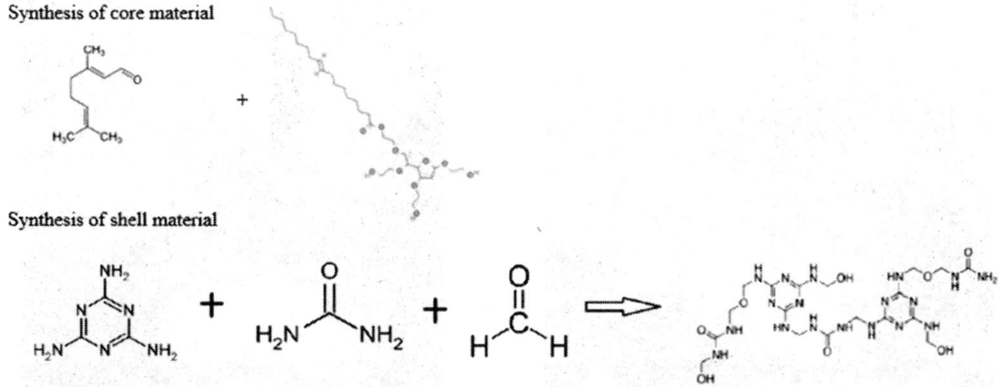

Fig. 1. Synthetic mechanism of core and shell materials in emulsion and encapsulation process.

- **Emulsion process**

Homogenizer (10,000 rpm / 20 min)

: Polysorbate-80 / 10.5g
: fragrance(lemon) / 20g
: H_2O / 230g

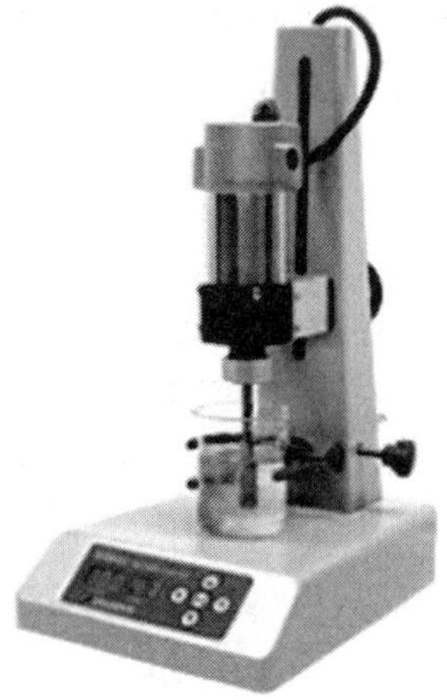

- **Microcapsulation process**

mechanical stirrer (400rpm,1h)

> 60°, 10min
: Melamine / 11.5g
: Urea / 7g
: Formaldehyde /31g

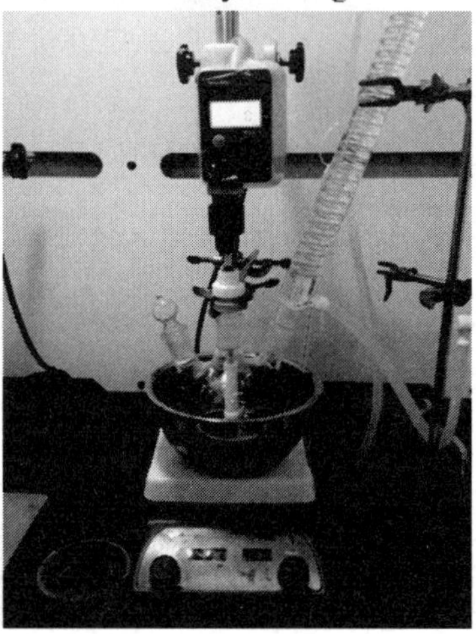

Fig. 2. Emulsion and microcapsulation process.

Emulsion condition: 10,000 rpm, 20 min

Encapsulation condition: 400 rpm, 1h, 60°

Fig. 3. Photo of emulsion and encapsulation process.

(반응 1) 에멜젼은 미세 에멜젼 입자의 제조 방법으로 반응용기에 증류수(230g), 계면활성제(10.5g)과 레몬 오일(20.0g)을 첨가한 후, 상온에서 호모게나이저(homogenizer)로 10,000rpm으로 10분간 강하게 교반 시킨다.

(반응 2) 쉘(shell)은 멜라민-유레아-포름알데히드 수지의 제조 방법으로 반응용기에 증류수(230.0mL), 멜라민(11.5g)과 포름알데히드(31.0g)과 우레아(7.0g)을 넣은 후, 온도 60℃로 유지하면서, 호모믹서(Homo Mixer)로 400rpm으로 60분간 강하게 반응시킨다.

(반응 3)은 마이크로캡슐의 제조방법으로(반응 1)의 멜라민 수지에(반응 2)의 미세 에멜젼 입자 용액을 첨가한 후, 온도를 60℃로 유지하여 호모믹서(Homo Mixer)로 400rpm으로 30분간 반응시킨다. 이후 원심분리기를 이용하여 분리시킨 후 불필요한 물질을 버리고 나머지를 건조하여 파우더로 만들어준다.

Ⅲ 결과 및 고찰

3.1 난연 마이크로캡슐의 모양 및 크기 분석

마이크로캡슐의 모양을 분석하기 위하여, OM, DLS, 및 SEM 분석을 수행하였다. Fig. 4는 에멀젼 과정이 이루어진 후에 OM 분석결과를 나타내고 있다. OM 분석결과 구형의 에멜젼이 잘 형성됨을 확인할 수 있었다.

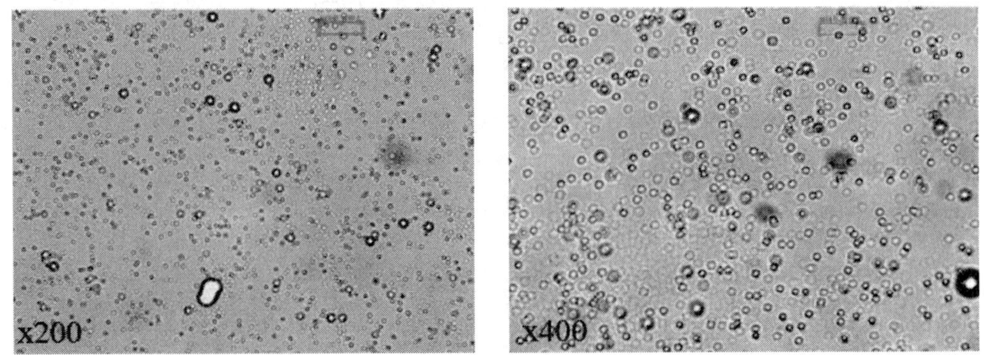

Fig. 4. Optical micrograph after emulsion process

Fig. 5는 마이크로캡슐의 OM 분석결과를 나타내고 있다. 마이크로캡슐화 과정이 이루어진 후에 OM을 분석결과 메라민셰 수지가 코아 물질 벽에 둘러싼 core-shell 구조를 가지고 있는 것을 확인할 수 있었다.

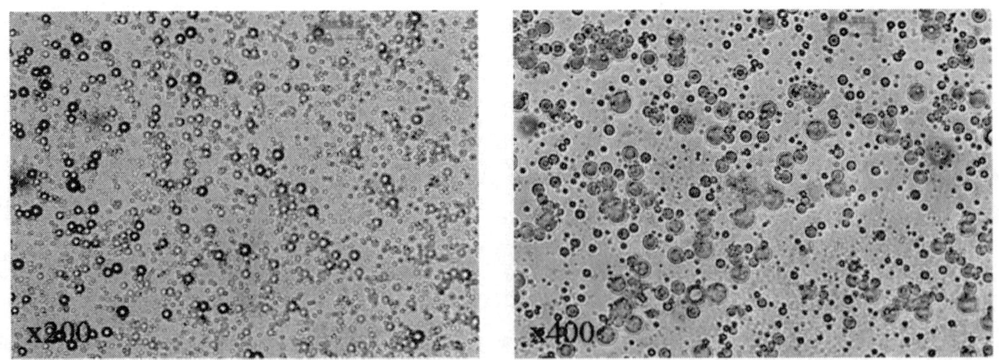

Fig. 5. Optical micrograph after the encapsulation process.

Fig. 6은 에멀젼 상태의 DLS 측정결과를 나타내고 있다. 마이크로캡슐의 입자와 크기와 분포는 코아 물질의 크기와 코아 물질 벽의 화학적 성질에 따라 커다랗게 영향을 미칠 수 있다. DLS를 통해 확인해 봤을 때, 에멀젼 입자크기는 1.9㎛~2.2㎛임을 알 수 있었고, 분포가 다른 입자로 구성됨을 확인할 수 있었다.

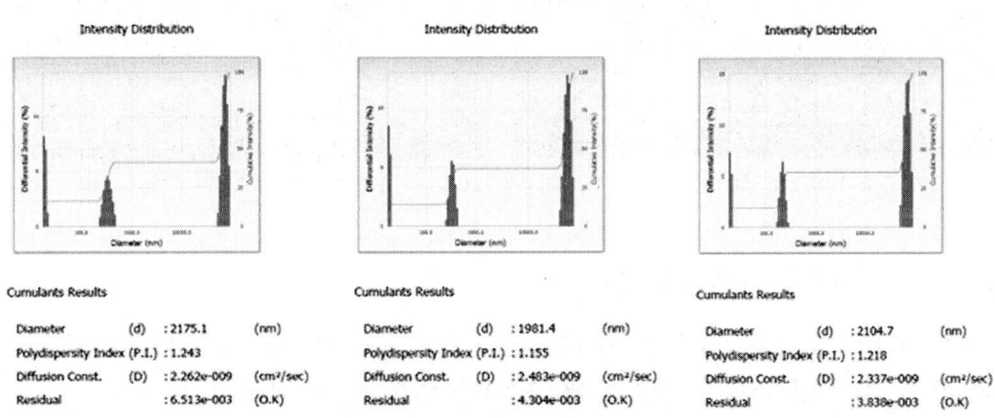

Fig. 6. Dynamic light scattering after emulsion process.

Fig. 7은 마이크로캡슐의 DLS 측정결과를 나타내고 있다. 마아크로캡슐 입자크기는 4.7㎛~6.4㎛인 것을 확인할 수 있었다.

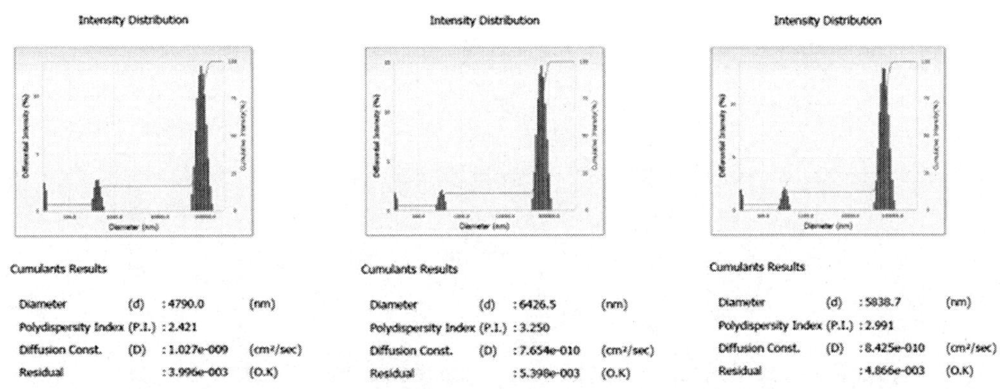

Fig. 7. Dynamic light scattering after the encapsulation process.

레몬 에센셜 오일을 함유한 마이크로캡슐의 SEM 분석결과를 Fig. 8에 나타내었다. 두 사진을 보았을 때 마이크로캡슐이 동그란 모양으로 잘 형성되었으며 마이크로캡슐이 성공적으로 합성된 것을 알 수 있다.

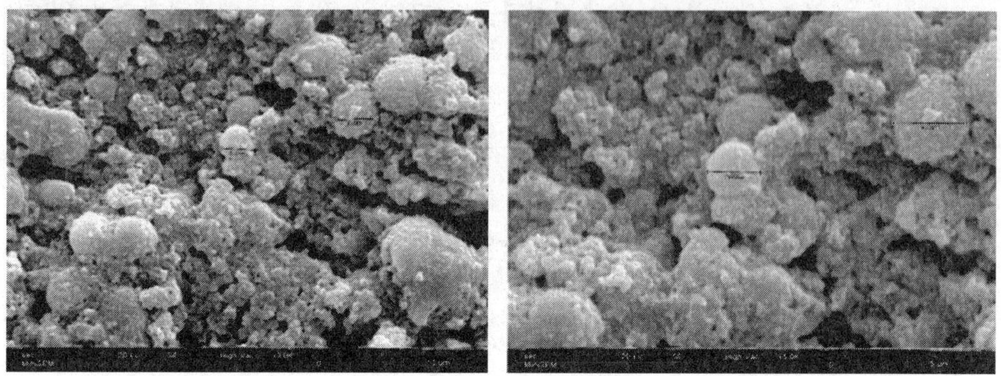

Fig. 8. SEM images of the encapsulation with core and shell structure.

3.2. 난연 마이크로캡슐의 열분석

레몬 에센셜 오일을 함유한 마이크로캡슐의 DSC 분석결과는 Fig. 9에 나타내었다. 그래프로 보아 63.56℃에서 상전이가 일어난 것을 알 수 있다.

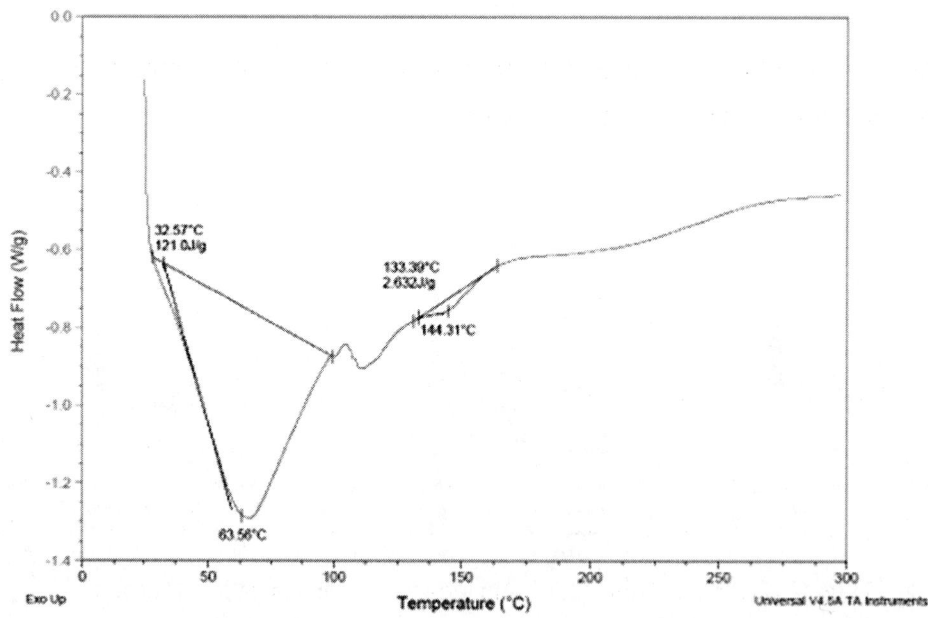

Fig. 9. DSC curve of the encapsulation with core and shell structure.

Ⅳ 결 론

본 연구에서는 코어물질인 레몬향과 쉘 물질인 Melamine-urea-formaldehyde를 중합반응 시킨 후, polymer 벽막을 형성시켜 캡슐화를 진행하였다. 에멜전 및 마이크로 캡슐의 크기를 DLS, OM 및 SEM 분석을 통해 평가 하였다.

(1) OM(Optical Micrograph) 및 SEM 측정 결과, 에멀전 과정 후에 코어물질이 생성된 것을 확인할 수 있다. 캡슐화 과정 후에 코어물질에 쉘물질이 둘러싼 core-shell 구조를 가지는 입자임을 확인했다.

(2) DLS(Dynamic Lightening Scatteling)를 통해 확인해봤을 때, 에멀전 형태의 입자크기는 1.9nm~2.2nm 이었고, 캡슐화 형태의 입자크기는 4.7μm~6.4μm인 것을 확인할 수 있었다.

참고문헌

1. 이영환, Core-shell 물질에 따른 상전이 물질의 마이크로캡슐화, 한양대학교 대학원 석사학위논문, 2008, p6
2. 김혜림 외 1명, 방향물질을 함유한 마이크로캡슐 제조, 2001, p684
3. 박수진 외 4명, 향오일을 함유한 우레아-포름알데히드 마이크로캡슐의 제조 및 특성, 2000, p696~697
4. 오성대 외 4명, 안정화제에 따른 멜라민-포름알데히드 마이크로캡슐의 제조, 2004, 98
5. 태선화, 향기요법이 뇌졸중 환자의 우울과 스트레스 정도에 미치는 영향, 아주대 대학원 석사학위논문, 2006, p11
6. Hafeez Ullah, Synthesis and Characterization of Urea-formaldehyde Microcapsules Containing Functionalized Polydimethylsioxanes, 4th International Conference on process Engineering and Advanced Materials., 2016, p171
7. 황진철, 피톤치드오일을 함유한 우레아-포름알데히드마이크로캡슐의 제조와 성질, 부산대학교 석사학위논문, 2009, p24

코아-솔향, 쉘-멜라민-포름알데히드 수지 마이크로캡슐의 제조 및 특성평가

오성대, 최성호

쉘은 멜라민-포름알데히드 수지, 코아는 솔향오일 그리고 5종류의 계면활성제, Laurylbenzenesulfonic acid sodium slat(SDS), Polyvinylpyrrolidon(PVP), Polyvinyl alcohol(PVA), Span-80 및 2-Acrylamido-2-methyl-1-1 propanesulfonic acid(AMP)을 사용하여 섬유제품용 향기나는 마이크로캡슐을 제조하였다. 향기 나는 마이크로캡슐의 모양 및 형태는 계면활성제의 종류에 따라 다르다는 사실을 알았다. 더 나아가 항균성 및 향기 나는 마이크로캡슐을 제조하기 위하여 방사선법으로는 나노콜로이드를 제조하고, 이 콜로이드 용액에서 마이크로캡슐의 제조도 시도하였다.

I 서 론

생활용품, 위생용품, 속옷, 골프웨어 등의 스포츠웨어를 착용하였을 때 땀, 오염 등의 분비물에 의해 발산하는 악취를 제거하여 기분을 상쾌하게 유지하기 위한 한 방법으로 향료에 의한 마스킹 방법이 이용되고 있다. 그러나 이러한 방법은 향료가 대부분 액체이기 때문에 빠르게 휘발하여 악취가 발생하는 시점에는 실제로 만족할 만한 효과를 얻기 어려울 뿐만 아니라, 반복하여 세탁하였을 경우 그 효과가 오래가지 못하는 단점이 있다. 이러한 단점을 보완하여 항균, 소취, 방향, 및 방충성을 오랜 시간동안 지닌 마이크로캡슐을 제조하는 다양한 방법이 연구되고 있다(1-4).

일반적인 마이크로캡슐의 구성은 외부물질이 향오일, 비타민, 미생물, 농약, 기능성물질 등이 사용되고 있고, 내부 물질의 표면 막은 합성고분자 및 천연고분자가 사용된다. 그 대표적인 예는 멜라민, 우레탄, 아크릴 수지, 에폭시, 전분질, 젤라틴, 키토산, 알긴산 등이 있다(5-8).

한편, 합성 및 천연고분자를 이용하여 내부 물질의 표면막을 형성시키기 위해서는 내부물질을 미세 에멀젼 입자로 제조해야 하는데, 일반적으로 계면활성제가 사용된다. 계면활성제의 종류에 따라 미세 에멜젼 입자의 크기 및 형태가 다르며, 이러한 미세 에멀젼 입자의 특징을 이용하여 다양한 형태의 마이크로캡슐을 제조할 수 있다.

본 연구에서는 5종류의 계면활성제, Laurylbenzenesulfonic acid sodium slat(SDS), Polyvinylpyrrolidon(PVP), Polyvinyl alcohol(PVA), Span-80, 및 2-Acrylamido-2-methyl-1-1 propanesulfonic acid(AMP)를 사용하여, 마이크로캡슐 형태의 변화에 대하여 검토하였다. 특히 내부물질은 섬유제품에 응용하기 위해서 Wall-material은 멜라민-포름알데히드 수지를 사용하였고, 솔향 오일을 사용하여 향기 나는 마이크로캡슐을 제조하였으며, 더 나아가 항균성을 갖는 마이크로캡슐의 제조도 시도하였다.

Ⅱ 실 험

2.1 시약

본 실험에서는 소수성을 지닌 Core-material은 솔향 오일(Seil Perfume사)을 사용하였고, 계면활성제는 Dodecylbenzensulfonic acid sodium salt(SDS, Aldrich사), Polyvinylpyrrolidon(PVP, Mw=10,000, Tokyo Kasei사), Polyvinyl alcohol(PVA, Mw=1500, Aldrich사), Span-80(Aldrich사), 및 2-Acrylamido-2-methyl-1-1 propanesulfonic acid(AMP, Aldrich사)을 구입하여 사용하였으며, Wall-material를 만들기 위하여 멜라민(Dongyang사)과 포름알데히드(Dongyang사) 제품을 구입하여 사용하였다. 또한 항균성을 갖는 은 나노입자를 제조하기 위하여 $AgNO_3$ (Kojima사)를 사용하였다.

2.2 향기 나는 마이크로캡슐의 제조

(반응 1)은 멜라민 수지의 제조 방법으로 반응용기에 증류수(56.0mL), 멜라민(23.0g)과 포름알데히드(62.0g)을 넣은 후, 온도를 65°C로 유지하면서, pH를 7.0~8.0사이로 유지시킨다. (반응 2)은 미세 에멜젼 입자의 제조 방법으로 반응용기에 증류수(525g), 계면활성제(10.5g)과 솔향(35.0g)을 첨가한 후, 상온에서 7,600rpm으로 10분간 강하게 교반 시킨다. (반응 3)은 마이크로캡슐의 제조방법으로 (반응 1)의 멜라민 수지에 (반응 2)의 미세 에멜젼 입자 용액을 첨가한 후, 온도를 60°C로 유지하여 120분간 반응 시킨다.

2.3 나노은 콜로이드의 제조 및 항균 및 향기 나는 마이크로캡슐의 제조

항균성을 갖는 나노은 입자를 제조하기 위하여, 반응용기에 1.0×10^{-2}M $AgNO_3$과 콜로이드 안정화제인 PVP를 혼합한 후, 이 용액을 질소 치환하여, 코발트선원-60이 나오는 감마선을 조사하였다. 방사선 조사 후 수용액은 검은 갈색으로 변화하여 나노미터 크기의 은 입자가 형성됨을 육안으로 확인할 수 있었다.

이 나노은입자 콜로이드에 솔향과 계면활성제를 첨가 한 후, 미세 에멀젼 입자를 제조하고, (반응 1)에 첨가하여 항균 및 향기 나는 마이크로캡슐을 제조하였다.

2.4 제조 및 측정기기

마이크로캡슐의 제조에 이용된 기기는 에멜젼너(Utra-TLLLAX®T50, IKA® WERKE사)와 mechanical stirrer를 사용하였고 분석용 기기는 FT-IR(Bio-RAD사), 현미경은 Axioskop(ZEISS사)을 사용하였다.

Ⅲ 결과 및 고찰

3.1 향기 나는 마이크로캡슐의 제조

Scheme 1은 멜라민-포름알데히드 수지의 중합과정을 나타내고 있다. 멜라민(melamine)과 포름알데히드(formaldehyde)는 65°C에서 반응시키면, Scheme-1에서 나타나는 바와 같이 Trimethylolmelamine과 Hexamethylolmelamine이 되며, Methylolmelamine은 열 축합반응에 의해 수지가 침전하게 된다. 이 반응에서 methylol 축합과 methylene 가교가 아래와 같은 반응으로 생성된다.

Step I: $-NH{\cdot}CH_2OH + HOCH_2NH- \rightarrow -NH{\cdot}CH_2{\cdot}O{\cdot}CH_2NH- + H_2O$

Step II: $-NH_2{\cdot}CH_2{\cdot}O{\cdot}CH_2{\cdot}NH- + -NH{\cdot}CH_2{\cdot}NH- + CH_2O$

Melamine + 3 Formaldehyde —65 °C→ Trimethylolmelamine / Hexamethylolmelamine —Heating condensation→ Step I / Step II

Scheme 1. Polymerization of melamine-formaldehy resin by heating condensation reaction

멜라민 수지의 FT-IR선은 1480, 1550, 3300, 1363 및 1660cm^{-1} 파장영역에서 피이크가 나타나는데, 이는 $-CH_2-$, -NH, C-N, 그리고 C=N 피이크 임을 의미한다. 이러한 파장 영역으로부터 멜라민-포름알데히드 수지가 성공적으로 제조됨을 확인할 수 있었다. 한편, 824 및 1144, 1309cm^{-1}(aromatic C-H) 1490cm^{-1} (aromatic amine) 1586cm^{-1}(aromatic C-C streching vibration) 파장영역에서 피이크가 확인되어 이는 호모 폴리머인 Poly(aniline)라고 사료된다(9).

Fig. 1은 각 계면활성제에 따른 마이크로캡슐의 현미경 사진이다. (a)는 SDS를 사용하여 제조한 마이크로캡슐의 현미경사진이고, (b)는 PVP를 사용하여 제조한 마이크로캡슐의 현미경사진이다. SDS의 경우 나노미터크기의 캡슐이 생성되는 반면

PVP를 사용한 경우, 0.2㎛ 이하의 마이크로캡슐이 생성됨을 확인할 수 있었다. 이러한 사실로 SDS의 경우, 주쇄사슬 길이가 작아서 캡슐의 크기가 작게 만들어지고, PVP의 경우 주쇄사슬 길이가 길어서 마이크로캡슐의 크기가 커진다고 사료된다.

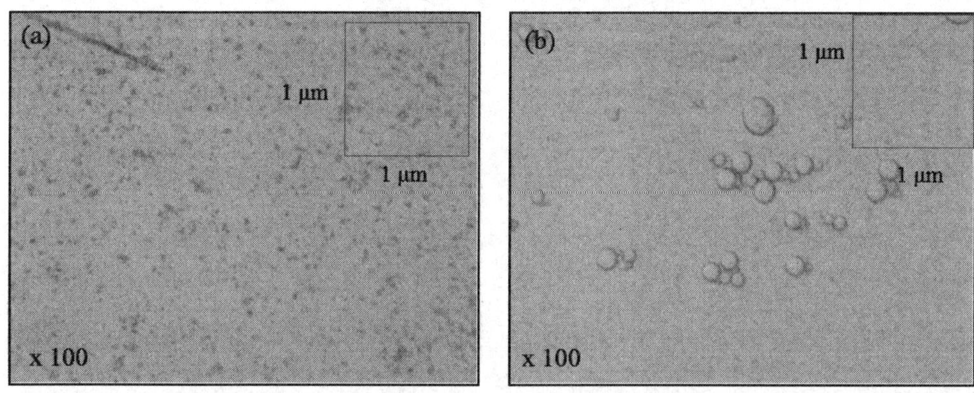

Fig. 1. Micrograph of the microcapsule with melamine-formaldehyde resin as wall material prepared by (a) SDS and (b) PVP as surfactant.

Wall의 두께는 향을 배출하는데 매우 중요한 역할을 한다. Fig. 2는 Wall의 두께를 측정하기 위하여 현미경사진의 배율을 높여서 측정한 사진이다. PVP를 사용하여 제조한 마이크로캡슐(x400)의 Wall의 두께는 대략 20nm 정도임을 확인할 수 있었다.

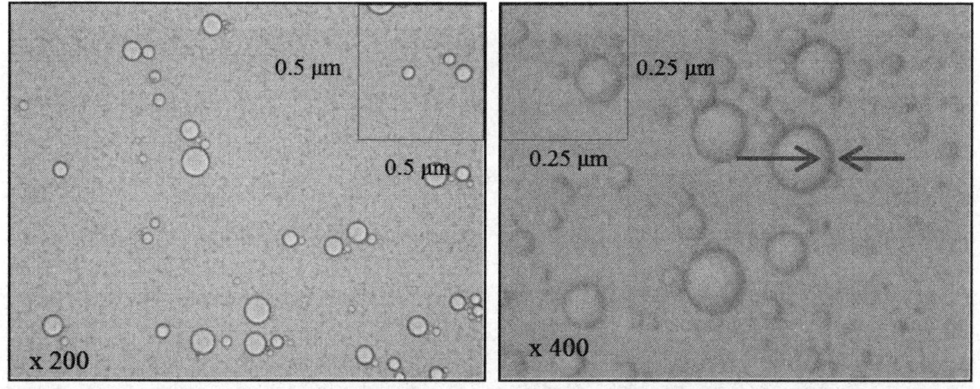

Fig. 2. Micrograph of the microcapsule with melamine-formaldehyde resin as wall material prepared by PVP as surfactant.

Fig. 3은 계면활성제를 PVA (a)와 Span-80 (b)을 사용하여 제조한 마이크로캡슐의 현미경 사진이다. 이 경우 사용된 Wall-material은 멜라닌-포름알데히드 수지이다. PVA의 경우, 마이크로캡슐의 크기가 Span-80 계면활성제를 사용하는 것보다 큼을 확인할 수 있었다.

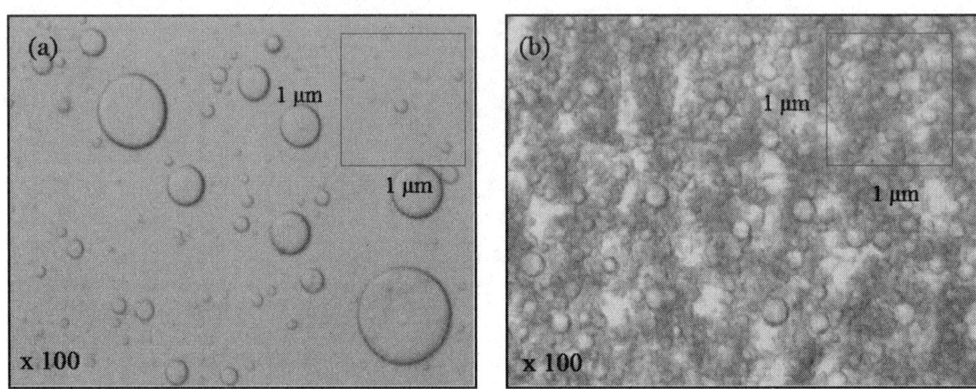

Fig. 3. Micrograph of the microcapsule with melamine-formaldehyde resin as wall material prepared by PVA (a) and Span-80 (b) as surfactant

Fig. 4는 계면활성제 2-Acrylamido-2-methyl-1-propansulfonic acid를 사용하여 제조한 마이크로캡슐의 현미경사진이다. 이 경우 마이크로캡슐의 크기는 대략 0.1~0.5μm 사이의 마이크로캡슐임을 확인할 수 있었다. 현미경 배율을 확대한 결과, 멜라민-포름알데히드 수지의 두께는 대략 20nm 이하임을 확인할 수 있었으나, wall-material의 두께는 언제나 일정한 사실을 알 수 있었다.

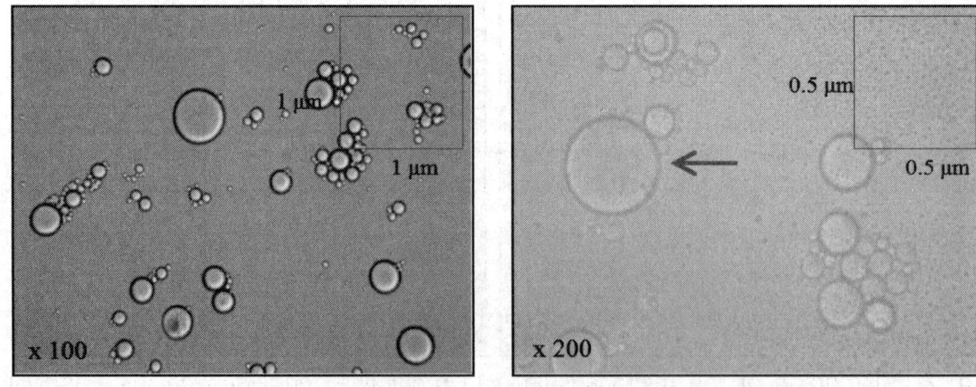

Fig. 4. Micrograph of the microcapsule with melamine-formaldehyde resin as wall material prepared by 2-Acrylamido-2-methyl-1-propansulfonic acid(AMP).

3.2 항균성 및 향기 나는 마이크로캡슐의 제조

나노은 콜로이드가 항균성을 갖는 사실은 이미 여러 문헌에서 보고되었다(12-11). 따라서, 항균성을 갖는 나노은 콜로이드는 방사선법으로 제조하였다.

Fig. 5는 방사선법으로 제조한 나노은 콜로이드의 TEM 사진 및 UV-vis 스펙트럼을 나타내고 있다. 반응 기구를 살펴보면 다음과 같다. 먼저, 수용액상에서 방사선을 조사하면 수화라디칼 및 다양한 화학종이 생성된다(1). 그 중 수화라디칼이 산화된 은 이온을 환원시킨다. 이 환원된 금속은 부피/질량비가 너무 커서 응집(aggregation)되어 나노입자가 생성되는 것이다. 이 경우 나노은 입자가 더 크게 생성되지 않게 하기 위해서 계면활성제를 사용하여 안정화 시킨다(2-4).

1. Formation of hydrated electron by γ-irradiation.

$$H_2O \xrightarrow{\gamma\text{-irradiation}} e^-_{aq}, H_3O^+, H, H_2, OH, H_2O_2 \quad (1)$$

2. Reduction of metal ions by hydrated electron.

$$e^-_{aq} + M^{m+} \longrightarrow M^{(m-1)+} \quad (2)$$

$$e^-_{aq} + M^{+} \longrightarrow M^{0} \quad (3)$$

$$nM^0 \rightarrow M_2 \rightarrow M_n \rightarrow M_{agg} \quad (4)$$

TEM 사진에서 나타나듯이, 방사선법으로 제조된 나노은콜로이드의 경우 단일 분포를 가지고 있으며, 크기는 20nm 이하임을 확인할 수 있었다. UV스펙트럼에서 402nm에서 quantum band로 사료되는 흡수 피이크가 나타나므로 나노은 콜로이드가 성공적으로 제조됨을 확인할 수 있었다(10-11).

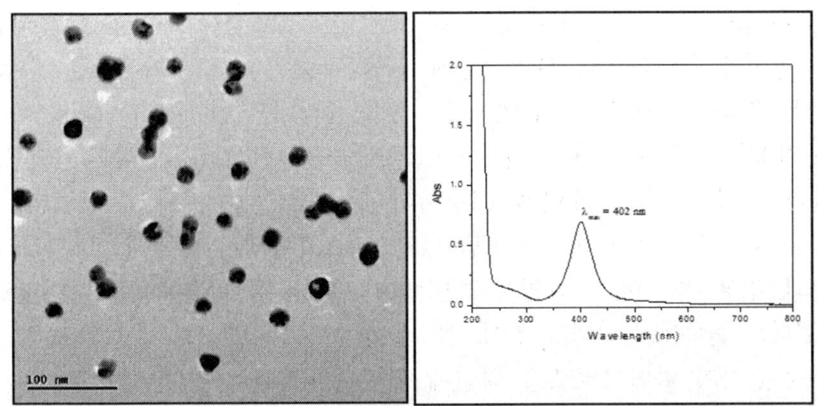

Fig. 5. TEM images and UV spectra of PVP-protected Ag nanoparticles prepared by γ-irradiation.

항균 및 향기 나는 마이크로캡슐을 제조하기 위하여, 방사선법으로 제조된 나노 콜로이드 용액에 PVP와 솔향을 넣고 미세 에멀젼을 제조한 후, 마이크로캡슐을 제조하였다. Fig. 6은 나노콜로이드가 첨가된 마이크로캡슐의 전자현미경 분석결과를 나타내고 있다. 현미경 사진에서 나타나듯이, 마이크로캡슐에 나노은입자가 전혀 부착되지 않고 용액 전체에 고르게 분산되는 사실을 알 수 있었다. 이것은 나노은입자가 친수성을 띄고 있어 용액에 잘 분산되는 것으로 사료된다.

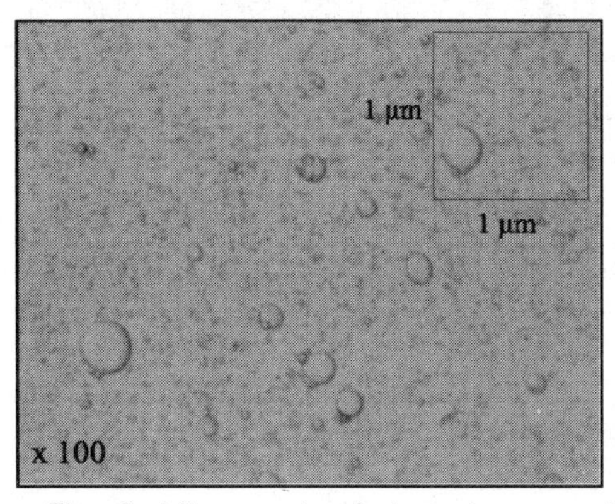

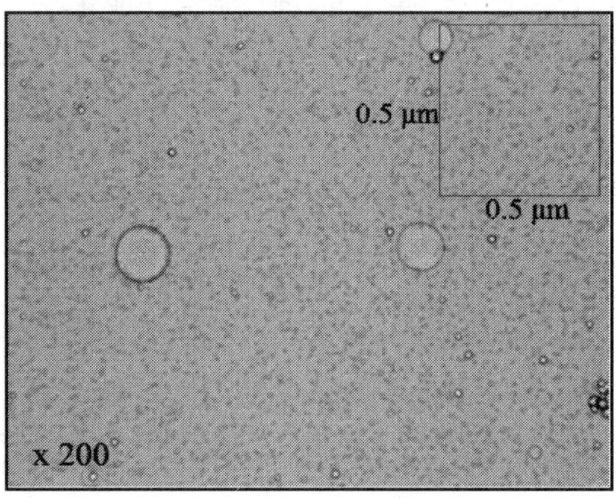

Fig. 6. Micrograph of the microcapsule prepared by PVP as stabilizer in the presence of Ag nanoparticle.

따라서 마이크로캡슐에 나노은입자를 코팅처리하기 위하여 다음과 같은 반응을 수행하였다. 반응용기에 나노은입자를 유기용매에 분산시켜 나노은 콜로이드를 제조하였다. 다른 반응용기에 솔향과 Span-80을 첨가 하고 이를 멜라민-포름알데히드 수지에 코팅처리하여 마이크로캡슐을 제조하였다. 마지막으로 유기용매에 분산된 나노은 콜로이드 용액과 수층에 분산된 마이크로캡슐 용액을 반응시켰다. 이 경우 반응용액은 두 층으로 분리되는데 위층은 유기층이고 아래층은 수층이었다. Fig. 7은 두 층의 마이크로캡슐의 현미경 사진을 나타내고 있다. (a)는 위층의 마이크로캡슐이고 (b)의 경우는 아래 층의 마이크로캡슐을 나타내고 있다. (a)의 경우, 나노은입자가 마이크로캡슐 표면에 코팅처리 된 사실을 확인할 수 있었다. 반면에 (b)의 경우, 나노은입자가 마이크로캡슐 표면에 코팅되지 않았다. 크기가 큰 마이크로캡슐의 경우 수층에 가라앉아 친수성이 강한 나노은입자는 마이크로캡슐에 코팅되기보다는 물속에 분산되어 있어, 유기층에 분산된 마이크로캡슐의 경우 친수성이 강한 나노은입자가 마이크로캡슐 벽면에 코팅된다고 생각된다.

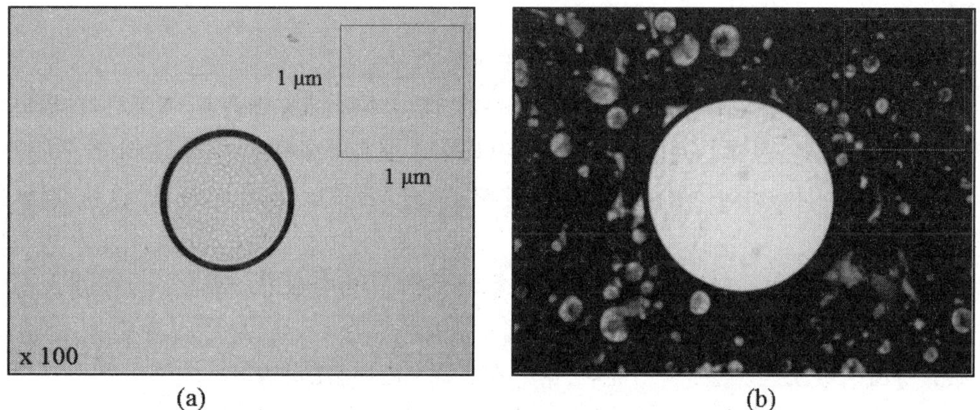

Fig. 7. Micrograph of the microcapsule prepared by Span-80 in the presence of Ag nanoparticle. (a) the upper field and (b) down field.

IV 결 론

본 연구에서는 섬유제품용 항균성 및 향기 나는 마이크로캡슐을 제조하기 위하여 core-material는 솔향, wall-material는 멜라민-포름알데히드 수지 그리고 5종류의 계면활성제를 사용하여 마이크로캡슐을 제조하였다. 그 결과 다음과 같은 결론을 얻었다.

(1) 향기 나는 마이크로캡슐은 계면활성제의 종류에 따라 모양, 형태 wall-material의 두께가 다르다는 사실을 확인할 수 있었다.

(2) 방사선법으로 나노은 콜로이드를 성공적으로 제조하였다.

(3) 나노은 콜로이드 용액을 이용하여 나노은입자가 코팅된 항균성 및 향기 나는 마이크로캡슐도 성공적으로 제조할 수 있음을 확인하였다.

참고문헌

1. W. Gindl F. Zargar-Yaghubi and R. Wimmer, Bioresour. Technol., 87, 325-330(2003).
2. X. Y. Shi, Biomaterials, 23, 4469-4473(2002).
3. K. Hong and S. Park, Mater. Chem. Phys., 64, 20-24(2000).
4. K. Mequanint and R. Sanderson, Polymer, 44, 2631-2639(2003).
5. K. Hong and S. Park, React. Funct. Polym., 42, 193-200(1999).
6. A. Derylo-Marczewska, J. Goworek, R. Kusak, and W. Zgrajka, Appl. Sur. Sci., 195, 117-125(2002).
7. C. Li, X. Pan, C. Hua, J. Su, and H. Tian, Europ. Polym. J., 39, 1091-1097(2003).
8. D. R. Shackle and S. Ala, US patent, No. 4,025,455(1977).
9. Y. H. Lee, C.A. Kim, W.H. Jang, H.J. Choi and M.S. Jhon, Polymer, 42, 8277-8283(2001).
10. S. H. Choi, S.H. Lee, Y.M. Hwang, K.P. Lee, and H.D. Kang, Radiati. Phys. Chem., 67, 517-521(2003).
11. S. H. Choi, K.P. Lee, and S.B. Park, Studies in Surface Science and Calysis, 146, 93-96(2003).

제2부

인캡슐레이션의 제조 및 특성평가

게스트-하이드로퀴논, 호스트-베타 싸이크로덱스트린 인캡슐화 및 특성평가

안효정, 권태연, 문가람, 김수연

본 실험에서는 현재 기미, 미백 치료제로 사용되고 있는 하이드로퀴논를 게스트 화합물로 베타 싸이크로덱스트린을 호스트 화합물로 선택하여 호스트-게스트 반응을 수행하며 캡슐화로 제조하고 캡슐이 성공적으로 제조되었는지 확인하기 위하여, UV spectrometer, 1H-NMR spectroscopy, FT-IR spectromete, FT-Raman spectrometer, Cyclic voltammograms, SEM, 열분석(DSC 및 TGA)등으로 분석하였다.

I 서 론

게스트 화합물인 하이드로퀴논은 백색의 고체로 벤젠고리에 OH기가 두 개 붙어 있는 모양의 구조이다. 하이드로퀴논은 벤젠에서 파생되면서 나온 물질로 monomethyl ether of hydroquinone 유도체는 흔한 탈 색소 물질이며(1), 하이드로퀴논의 미백 효과는 1936년에 Oettel에 의해서 처음 알려졌으며, 색소 침착과 기미, 미백 분야에서 40년 넘게 그 성능이 보고되고 있으며, 우수한 미백물질로 사용되고 있다. Tyrosinase의 활성을 막거나 melanocyte의 독성을 이용해 탈 색소 효과를 나타낸다(2,3).

호스트 화합물인 Cyclodextrin(CD's)은 전분을 액화하여 얻은 6~12개의 포도당 잔기 cyclodextrin glycosyltransferase(CGTAse)는 1891년 viller에 의해 발견된 물질이며, CD 합성효소를 작용하는 효소반응으로 환화시켜 Cyclodextrin(CD's)이 만들어진다(4-8). 분자 내의 Hydroxyl 그룹의 배열에 의해서 내부에는 수소 원자, glycoside 산소 원자가 내부로 행하고 있어서 소수성(hydrophobic)을 가지는 있지만, 외부는 극성인 OH기는 외부로 배열되어 친수성(hydrophilic)을 나타난다. CD(host)의 배열은 또 다른 분자(guest)들을 공동 내에 들어갈 수 있도록 하여 복합체(host-guest)를 형성할 수 있게 하며, CD와 그 복합물이 물에 녹는 성질을 가질 수 있다(9). 도넛 구조 내측에는 수소로 배열되어 있으며 여러 가지 유기물을 포접(encapsulation)할 수 있는 복합체를 형성하면서, 외측은 수산기가 배열되어 있는 성질을 지니고 있는 양동이 모양으로 Schlenk에 의해 inclusion complex라고 하며 유기물이나 무기물과의 hydroxyl group의 결합에 의해 복합체를 형성하는 성질을 가지고 있으면서 응용 가능성이 매우 많은 물질이다(10). 일반적인 Cyclodextrin은 6~8개의 단위를 가지면서 다수의 포도당 단량체를 하나의 고리에 포함하여 원뿔 모양을 형성하며, 포도당이 환상으로 대표적인 host 분자이다. α-, β-. γ-Cyclodextrin이 산업적으로 활용되며 α-, β-. γ 체는 6~8개의 포도당 단위에서 생성되며, 분자 내에 중공의 공간을 갖는다. 이중 공 내부는 소수성 환경이라 수용액 중 다른 물질이 중간에 들어가는 형태로 되어 있어서 회합이 일어나며 물에 대한 용해도가 작아 화학적 불안정한 물질의 경우, Cyclodextrin에 포접함으로 안정성을 증대시킬 수 있다(11). Cyclodextrin에서 β-Cyclodextrin의 화학적구조가 α-Cyclodextrin, γ-Cyclodextrin과 비교해 열역학적으로 안정 적하기 때문에 섬유, 화장품, 제약 등에 널리 사용하고 있다 (12-14).

II 실 험

2.1 시약 및 재료

β-cyclodextrin(베타 싸이크로덱스트린)은 Aldich사에서 구입하여 정제없이 사용하였다. Hydroquinone은 Butylene glycol(B.G.)에서 구입하여 정제없이 사용하였다.

2.2 분석기기

성공 여부를 분석하는 데 사용한 분석기기에는 UV(V-650, Jasco co.), 1H-NMR (Avance III HD 400, Bruker Biospin), FT-IR(FTS-175C, BioRad Labroatories, Inc., USA), FT-Raman,(VersaS TAT 3 PotentiosTAt GalvanosTAt, AMETEK PAR, U.S.A.), Cyclic vol TA mmograms(VersaSTAT 3 Potentios TAt Galvanos TAt, AMETEK PAR, U.S.A.), 열 분석기기로, DSC(DSC 8000, Perkin Elmer U.S.A), TGA는(Q50, TA Instrument)로 분석 확인하였다.

2.3 host-guest를 이용한 엔캡슐레이터의 제조

Hydroquinon의 엔캡슐레이터 화합물은 HQ(0.05g, 0.45mmol)과 Beta-CD(0.50g, 0.44mmol)을 증류수 약 30.0mL에 용해시킨 후, -80℃에서 24시간 동결한 후 120시간 건조하였다.

III 결과 및 고찰

Fig. 1은 호스트 화합물인 베타 싸이크로덱스트린 (a), 게스트 화합물인 하이드로퀴논 (b) 그리고 호스트-게스트 반응에 의한 인캡슐화의 UV 스펙트라를 나타내고 있다. 호스트 화합물인 하이드로퀴논(HQ)의 λ_{max}=289nm의 벤조퀴논(BQ)의 피이크와 λ_{max}=228nm의 나타남을 확인할 수 있었다. 측정 UV조사 중에 하이드로퀴논(HQ)이 쉽게 산화하여 벤조퀴논(BQ)이 형성됨을 확인할 수 있었다. 따라서 HQ 화합물은 UV에 매우 민감하여 야외에서 사용하는 화장품 재료로는 적합하지 않은 사실도 확인할 수 있었다. 한편, 인캡슐화의 경우, HQ의 λ_{max}값이 약간 레드 쉬프트 되는 것을 확인할 수 있었으며, BQ의 λ_{max}값이 놀랄 만큼 레드 쉬프트 되는 것을 확인할 수 있었다. 이는 HQ보다 BQ가 호스트-게스트 반응이 쉽게 일어나는 사실을 알 수 있었다.

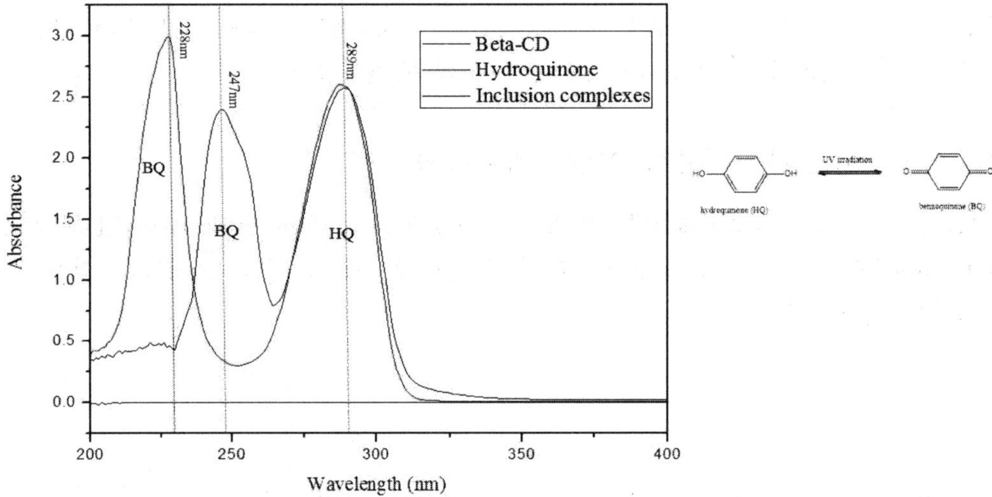

Fig. 1. UV spectra beta-CD (a), hydroquinone (b), and inclusion complexes (c) in H_2O.

Fig. 2은 게스트 분자인 하이드로퀴논 (a)와 호스트-게스트 반응에 의해 생성된 인캡슐화의 1H-NMR 스펙트라 (b)를 나타내고 있다. 하이드로퀴논에서 페닐기에 존재하는 수소의 피이크는 6.70ppm에서 나타났으며, -OH의 피이크는 4.80ppm에서 나타났다. 반면에 인캡슐화의 페닐기의 수소 피이크는 6.82ppm에 나타나서, 약간의 다운 필드 쪽으로 쉬프트하여, 페닐기가 ba트라넥사민 산-CD 공동에 포접하는 사실을 알 수 있었다. 한편, 인캡슐화에서 HO의 -OH피이크는 5.09ppm으로 상당히 다운 필드 쪽으로 이동하는 사실을 관측할 수 있었다. 이는 HQ의 -OH기와 ba트라넥사민 산-CD의 -OH가 상호작용하여 안정화되는 것으로 사료된다.

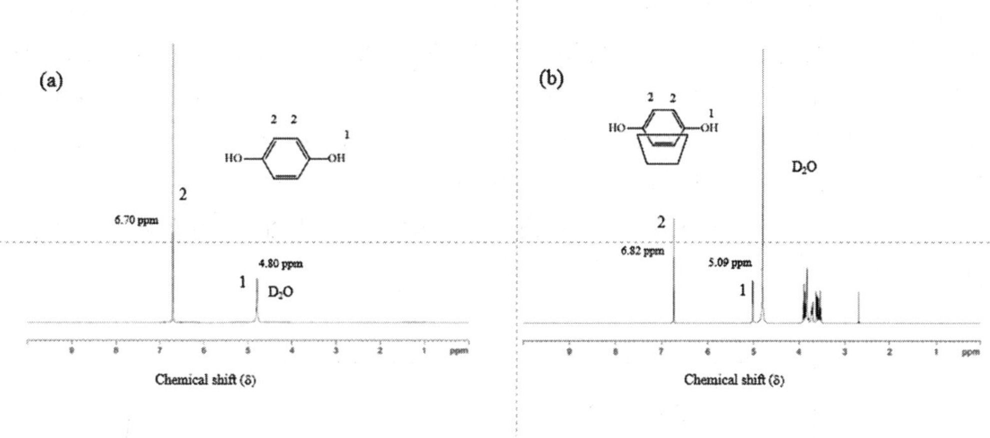

Fig. 2. ^{1}H-NMR spectra of hydroquinone (a) and inclusion complexes (b) in D_2O.

Fig. 3은 게스트 분자인 HQ (a)와 인캡슐화의 FT-IR 스펙트라 (b)를 나타내고 있다. 게스트 분자인 HQ에서 3500cm^{-1}에 나타나는 피이크는 -OH stretch로 고려되며, aromatic C-H stretch는 3000cm^{-1}에 나타나고 있다. 1475cm^{-1}에 나타나는 피이크는 Ring stretch로 해석되며, 1353cm^{-1}에 나타나고 있는 피이크는 Ring vibration이라고 사료되며, 인캡슐화의 경우 Ring stretch 피이크 및 Ring vibration 피이크가 약간 저주파수 쪽으로 이동하는 것으로 보아 인캡슐화가 형성한 것으로 사료된다.

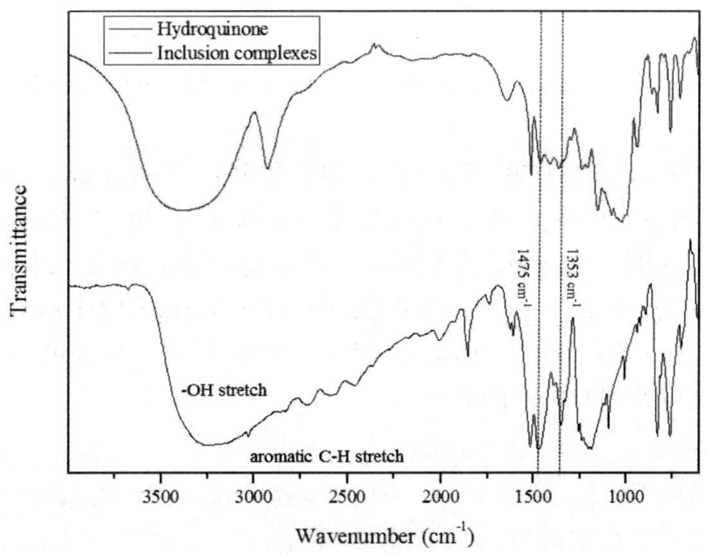

Fig. 3. FT-IR spectra of hydroquinone (a) and inclusion complexes (b).

Fig. 4은 게스트 분자인 HQ (a)와 인캡슐화의 FT-IR 스펙트라 (b)를 나타내고 있다. 게스트 분자인 HQ에서 3500cm^{-1}에 나타나는 피이크는 -OH stretch로 고려되며, aromatic C-H stretch는 3000cm^{-1}에 나타나고 있다. 1475cm^{-1}에 나타나는 피이크는 Ring stretch로 해석되며, 1353cm^{-1}에 나타나고 있는 피이크는 Ring vibration이라고 사료되며, 인캡슐화의 경우 Ring stretch 피이크 및 Ring vibration 피이크가 약간 저주파수 쪽으로 이동하는 것으로 보아 인캡슐화가 형성한 것으로 사료된다.

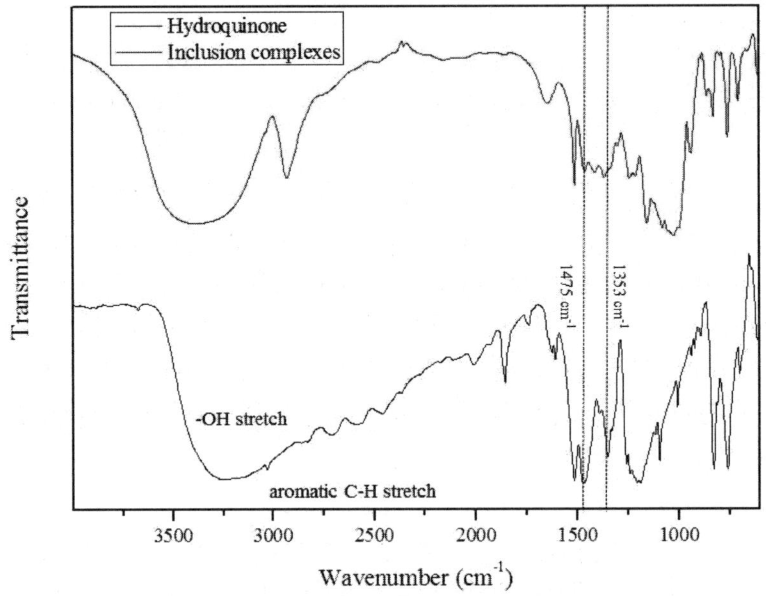

Fig. 4. FT-IR spectra of hydroquinone (a) and inclusion complexes (b).

Fig. 5는 게스트 화합물인 HQ (a)와 인캡슐화의 FT-Raman 스펙트라 (b)를 나타내고 있다. HQ에서 C-H stretch(약 3000cm^{-1}) 및 C=C stretch(about 1680cm^{-1})가 보였다. 1255cm^{-1}에 나타나는 피이크는 Ring vibration과 1166cm^{-1}에 나타나는 피이크는 Ring "breathing"이라고 사료된다. 인캡슐화에서 Ring vibration과 Ring "breathing" 피이크가 저주파수 쪽으로 이동한 것으로 보아 인캡슐화가 성공적으로 제조되었다고 사료된다.

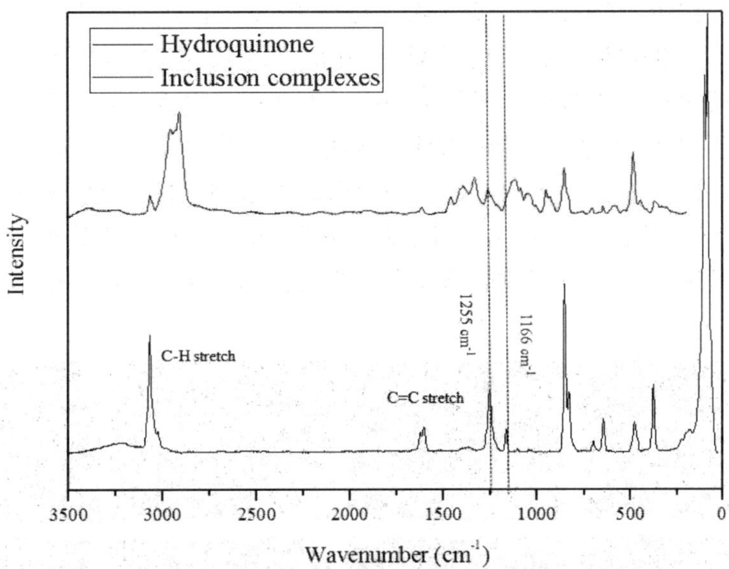

Fig. 5. FT-Raman spectra of hydroquinone (a) and inclusion complexes (b).

Fig. 6은 게스트 화합물인 HQ (a)와 인캡슐화의 CV곡선 (b)를 나타내고 있다. HQ가 산화하여 BQ가 직접 되는 반면, 환원의 경우 화학식에서 보여지는 것과 같이 SQ를 거쳐 환원된다. 포접 화합물의 경우 산화나 환원 피이크의 쉬프트는 일어나지 않았다.

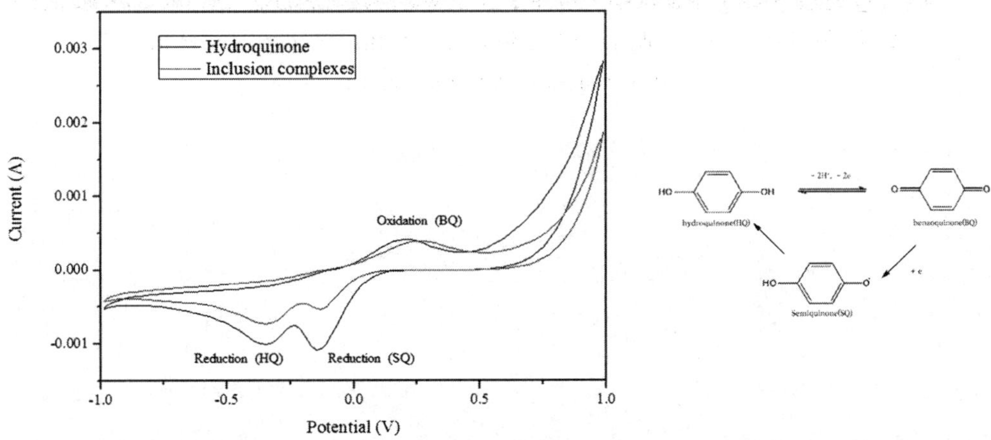

Fig. 6. Cyclic voltammograms of 18.5mM hydroquinone (a) and inclusion complexes (b) using bare ITO electrode in 0.1M KCl solution at scan rate 0.1V/s

Fig. 7은 게스트 화합물인 HQ (a), HQ과 Beta-CD의 물리적 혼합 (b) 그리고 호스트-게스트 반응에 의한 인캡슐화의 SEM 이미지 (c)를 나타내고 있다. 기미 치료용 의약품으로도 사용되는 HQ의 경우 돌덩어리 모양을 하고 있고(a), 그라인딩 하여 혼합한 경우, HQ을 잘게 자른 형태를 나타내고 있고, Beta-CD은 파우더 형태를 나타내고 있다(b). 한편 호스트-게스트 반응에 위해 생성된 인캡슐화의 경우 막대 모양을 이루고 있다. 그 이유는 -OH와 -OH기의 수소결합에 의한 생성된 인캡슐화가 층층이 싸여서 막대 모양을 나타내는 것으로 사료된다.

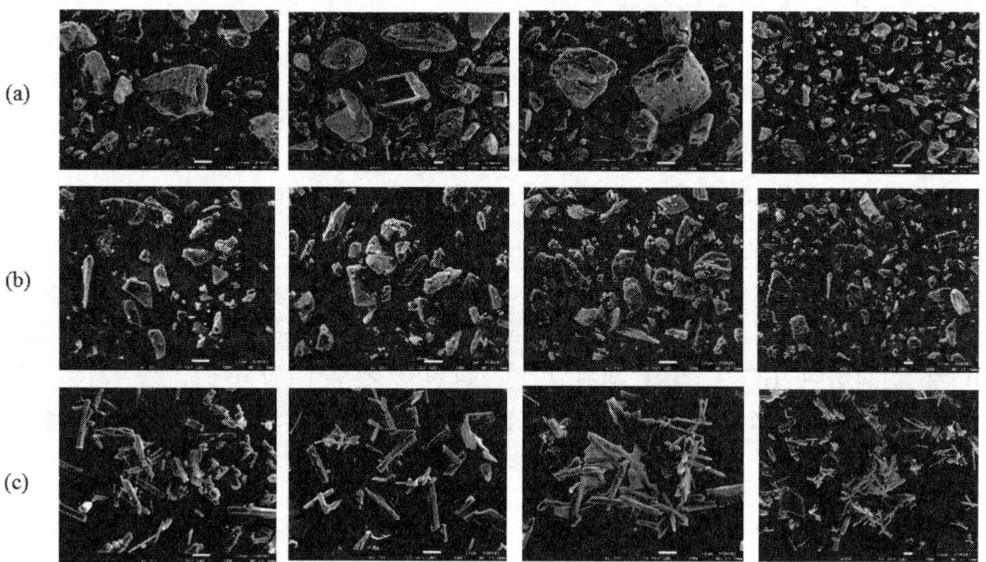

Fig. 7. Surface morphology of hydroquinone (a), physical mixtures (b), and inclusion complexes (c).

Fig. 8는 호스트 화합물인 Beta-CD (a), 게스트 분자인 HQ (b), 그라인딩 한 Beta-CD, HQ의 혼합물 (c) 그리고 인캡슐화의 열분석 결과를 나타내고 있다(d). 호스트 화합물의 경우, 300℃까지 완만한 질량 감소가 관측되었는데, 이것은 친수성인 베타 싸이크로덱스트린에 존재한 물이 제거되는 것으로 생각되며, 380℃ 부근에서 베타 싸이크로덱스트린의 결합이 끊어지는 것이 관측되었다(a). 대칭성을 갖은 소수성 호스트 화합물의 경우, 물이 증발되는 현상은 나타나지 않았으며, 173℃부근에서 공유결합이 끊어지는 현상을 알 수 있었다(b). 그라인딩에 의한 물리적 결합의 경우, 1차 질량 감소는 130℃부근에서 보였는데, 이것은 물이 증발하는 것이고 2차 질량 감소는 173℃부근에서 나타났는데 이는 단독으로 존재하는 HQ에 의한 질량 감소, 그리고 3차 질량 감소가 334℃까지 관찰되었는데, 이는 그라인딩 중에 베타 싸이크로덱스트린의 -OH기와 HQ의 -OH기의 수소 결합에 의해 생긴 질량 감소로 예상된다. 4차 질량 감소는 380℃부근에서 베타 싸이크로덱스트린의 결합이 끊어지는 것이 관측되었다(c). 인캡슐화도 물리적 혼합의 경우와 유사한 패턴을 보였는데, 이는 호스트 화합물의 -OH기와 게스트 화합물의 -OH기의 소수적 상호작용이 매우 크기 때문이라고 사료된다(d).

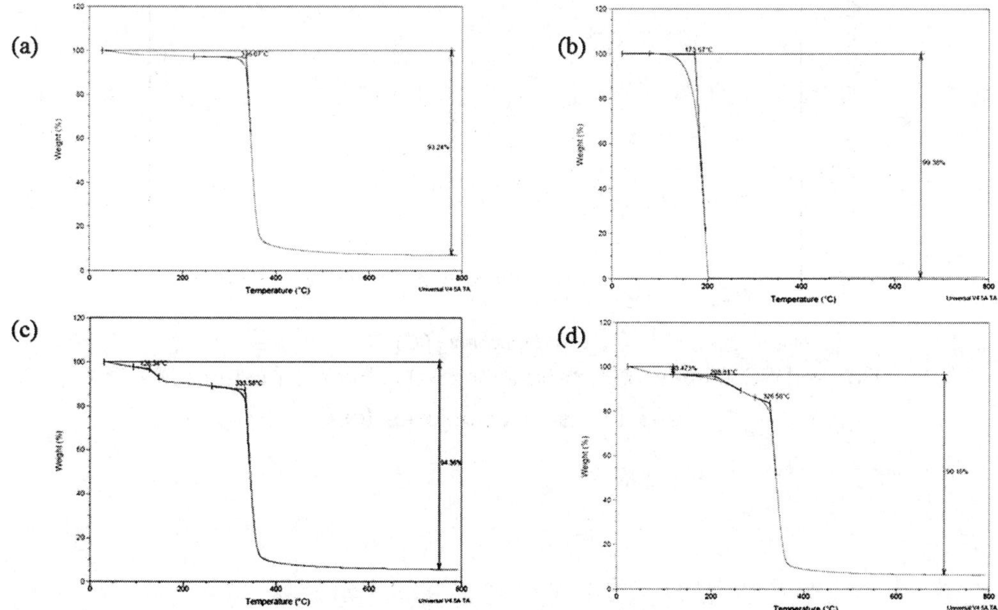

Fig. 8. TGA curves of beta-CD (a), hydroquinone (b), physical mixtures (c), and inclusion complexes (d)

Fig. 9은 게스트 화합물인 HQ (a), 그라인딩 하여 물리적 혼합물 (b), 그리고 인캡슐화의 열분석 결과를 나타내고 있다(c). (a)에서 177℃에서 나오는 흡열 피이크는 유리 전이 온도로 생각되며, 248℃에서 보이는 흡열 피이크는 게스트 화합물인 HQ가 용융되는 것을 나타낸다. 반면에 그라인딩에 의한 물리적 혼합의 경우 유리 전극 피이크가 200℃로 이동되었으며 용융점은 300℃로 쉬프트 하였고, 호스트 화합물의 용융점은 350℃부근서 나타났다. 이것은 그라인딩 과정에 게스트 화합물의 -OH기와 호스트 화합물의 -OH기가 수소결합에 의해 생성된 것으로 예측된다. 인캡슐화의 경우, 330℃부근에서 약한 발열 피이크가 보였는데, 인캡슐화와 인캡슐화 간의 결정화에 기인한 것으로 예측된다. 앞서 Fig. 7-C이 SEM 이미지에서 보듯이 결정화에 의한 것으로 사료된다.

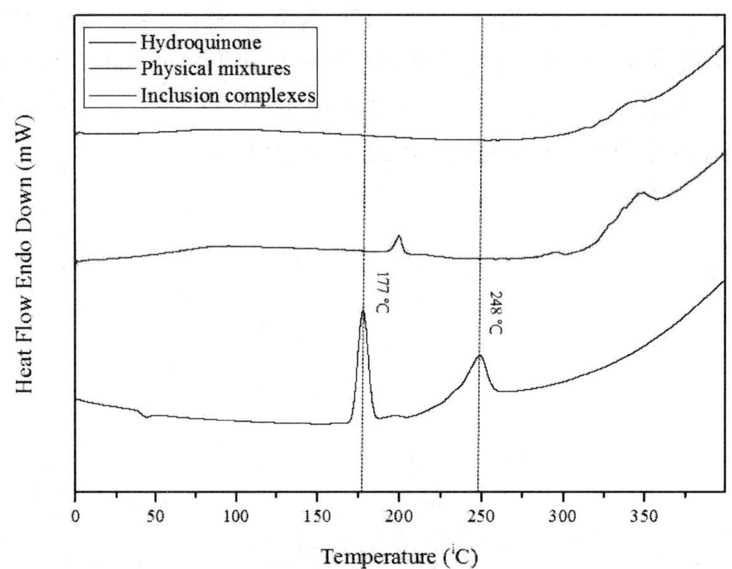

Fig. 9. DSC curves of hydroquinone (a), physical mixtures (b), and inclusion complexes (c).

Ⅳ 결 론

본 연구에서는 기미개선 치료재료 및 미백 화장품 재료로 사용되고 있는 하이드로퀴논을 게스트 화합물로 베타 싸이크로덱스트린을 호스트 화합물로 하여 호스트-게스트 반응을 통하여 인캡슐화를 제조하였다.

성공적인 엔캡슐이 제조된 것을 다양한 분석방법(UV spectrometer, 1H-NMR spectroscopy, FT-IR spectrometer, FT-Raman spectrometer, Cyclic Voltammetry, SEM, 열분석(TGA 및 DSC)) 확인하였다. 하이드로퀴논 인캡슐화의 경우, UV에서 247nm로 레드쉬프트 하고, 1H-NMR에서 페닐기의 수소피이크가 다운필드로 이동하였으며, FT-IR과 FT-Raman데이타에서 Ring Stretch 피이크가 저주파쪽으로 이동하였으며, Cyclic voltalmmogram에서 산화 피이크가 쉬프트가 관찰되고, 모폴로지 형태는 막대 형태로서 물리적 혼합의 경우가 완전히 다른 패턴이 보여졌으며, 열분석 결과도 다른 패턴이 보여져, 인캡슐화가 성공적으로 제조되었음을 확인할 수 있었다.

참고문헌

1. S. C. Gad and T. Pham, "Hydroquinone", Encyclopedia of Toxicology (Third Edition), 979-981 (2014).
2. M. Saeedi, M. Eslamifar, and K. Khezri, "Kojic acid applications in cosmetic and pharmaceutical preparations", Biomedicine & Pharmacotherapy, 110, 582-593 (2019).
3. M.-H. Chung, W.-S. Huang, Y.-C. Chang, Y.-H. Chen, and H.-F. Cheng, "A review of quality surveillance projects on cosmetics in TAiwan", Journal of Food and Drug Analysis, 22(4), 399-406 (2014).
4. M. Asztemborska, M. Ceborska, and M. Pietrzak, "Complexation of tropane alkaloids by cyclodextrins", Carbohydrate Polymers, 209(1), 74-81 (2019).
5. T. Loftsson, P. Saokham, and A.R.S. Couto, "Self-association of cyclodextrins and cyclodextrin complexes in aqueous solutions", International Journal of Pharmaceutics, 560 (5), 228-234 (2019).
6. D. Zhang, P. Lv, C. Zhou, Y. Zhao, X. Liao, and B. Yang, "Cyclodextrin-based delivery systems for cancer treatment", Materials Science and Engineering: C, 96, 872-886 (2019).
7. Z. Hammoud, N. Khreich, L. Auezova, S. Fourmentin, A. Elaissari, and H. Greige-Gerges, "Cyclodextrin-membrane interaction in drug delivery and membrane structure maintenance", International Journal of Pharmaceutics, 564, 59-76 (2019).
8. N. Singh and O. Sahu, "Chapter 4: SusTAinable cyclodextrin in textile applications", The Impact and Prospects of Green Chemistry for Textile Technology, 83-105 (2019).
9. P. Lva, .D. Zhang, M. Guo, J. Liu, X. Chen, R. Guo, Y. Xu, Q. Zhang, Y. Liu, H. Guo, and M. Yang, "Structural analysis and cytotoxicity of host-guest inclusion complexes of cannabidiol with three native cyclodextrins", Journal of Drug Delivery Science and Technology, 51, 337-344 (2019).
10. S. Pawar, P. Shende, and F. TrotTA, "Diversity of β-cyclodextrin-based nanosponges for transformation of actives", International Journal of Pharmaceutics, 565, 333-350 (2019).

11. A.P. Sherje, B.R. Dravyakar, D. Kadam, and M. Jadhav, "Cyclodextrin-based nanosponges: A critical review", Carbohydrate Polymers, 173(1), 37-49 (2017).
12. C. Wu, Q. Xie, W. Xu, M. Tu, and L. Jiang, "Lattice self-assembly of cyclodextrin complexes and beyond", Current Opinion in Colloid & Interface Science, 39, 76-85 (2019).
13. M. Jamrogiewicz and K. Milewska, "Studies on the influence of β-cyclodextrin derivatives on the physical sTAbility of famotidine", Spectrochimica AcTA Part A: Molecular and Biomolecular Spectroscopy, 219, 346-357 (2019).
14. S.A. Lone, "Possible mechanisms of cholesterol-loaded cyclodextrin action on sperm during cryopreservation", Animal Reproduction Science, 92, 1-5 (2018).

게스트-알부틴, 호스트-베타 싸이크로덱스트린 인캡슐화 및 특성평가

안효정, 권태연, 문가람, 김수연

본 실험에서는 현재 기미, 미백 치료제로 사용되고 있는 알부틴를 게스트 화합물로 베타 싸이크로덱스트린을 호스트 화합물로 선정하여 호스트-게스트 반응을 통하여 캡슐를 제조하고, 이것이 성공적으로 제조되었는지를 다음과 같은 분석장비를 이용하여 평가하였다. UV spectrometer, 1H-NMR spectroscopy, FT-IR spectrometer, FT-Raman spectrometer, Cyclic voltammograms, SEM, 열분석(DSC 및 TGA)등으로 분석한 결과 성공적으로 제조됨을 확인하였다.

I 서 론

알부틴(arbutine, glycosilated hydroquinone)는 주로 Ericaceae 계열에 속하는 많은 약용 식물 중에서 Arctostaphylos 속의 bearberry 식물에서 추출된 국소적으로 적용되면 티로시나제를 억제하여 멜라닌 생성을 방지하는 화장품 및 의약품의 색소 제거제로 사용되고 있다(1). 특히 하이드로퀴논의 경우 빛에 화학적으로 불안하나 알부틴의 경우 빛에 강한 장점을 가지고 있다. 반면에 glycosyl 기의 친수성과 하이드로퀴논 110.1g/mol보다 상대적인 높은 분자량 272.3g/mol을 가지고 있어 피부에 침투하기가 어려울 것으로 판단된다. 따라서 많은 연구자들은 알부틴 화합물을 피부에 침투성을 높이기 위해 소수성을 마이셀(micelles)화 시켜 모공을 통해 피부에 침투시키는 연구를 수행해 왔다. 그러나 마이셀화하는 경우 크기가 클 뿐 아니라(300nm~600nm) 담지량이 매우 작아서(5% 이하) 피부에 침투시키기에 매우 곤란한 점이 있다(2). 따라서, 본 연구에서는 알부틴을 베타 싸이크로덱스트린에 캡슐화하여 소수성을 극대화하여 인캡슐화를 하고자 한다.

II 실 험

2.1 시약 및 재료

β-cyclodextrin(베타 싸이크로덱스트린)은 Aldich사에서 구입하여 정제없이 사용하였다. arbutine은 Spec-chem Ind사에서 구입하여 정제없이 사용하였다.

2.2 분석기기

인캡슐화의 성공 여부를 분석하는 데 사용한 분석기기에는 UV(V-650, Jasco co.), 1H-NMR(Avance III HD 400, Bruker Biospin), FT-IR(FTS-175C, BioRad Labroatories, Inc., USA), FT-Raman,(VersaS TAT 3 Potentios TAt Galvanos TAt, AMETEK PAR, U.S.A.), Cyclic vol TA mmograms(VersaS TAT 3 Potentios TAt Galvanos TAt, AMETEK PAR, U.S.A.), 열 분석기기로, DSC(DSC 8000, Perkin Elmer U.S.A), TGA는 (Q50, TA Instrument)로 분석 확인하였다.

2.3 host-guest를 이용한 인캡슐레이션의 제조

arbutine의 인캡슐화는 arbutine(0.05g, 0.45mmol)과 Beta-CD(0.50g, 0.44mmol)을 증류수 약 30.0mL에 용해시킨 후, -80℃에서 24시간 동결한 후 120시간 건조하였다.

Ⅲ 결과 및 고찰

Fig. 1은 호스트 화합물인 베타 싸이크로덱스트린 (a), 게스트 화합물인 알부틴 (b) 그리고 호스트-게스트 반응에 의한 인캡슐화의 UV스펙트라를 나타내고 있다. 호스트 화합물인 알부틴의 하이드록시퀴논의 λ_{max}=288nm에 나타내었으며 벤조퀴논이라 생각되는 피이크와 λ_{max}=228nm의 나타남을 확인할 수 있었다. 측정 UV 조사 중에 하이드로퀴논이 산화하여 벤조퀴논이 형성됨을 확인할 수 있었다. 따라서 알부틴 화합물은 UV에 매우 민감한 물질임을 확인할 수 있었다. 한편, 인캡슐화의 경우, HQ의 λ_{max}값이 약간 레드 쉬프트 되는 것을 확인할 수 있었으며, 벤조퀴논의 λ_{max}값이 변화가 크게 일어나지 않은 것으로 보아 포접되지 않은 하이드로퀴논이 벤조퀴논으로 변화한 것으로 아래의 그림과 같이 사료된다.

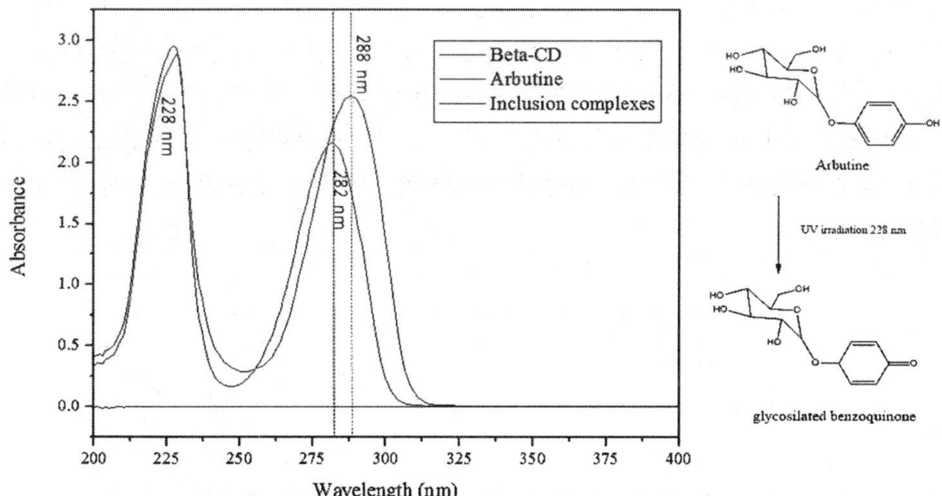

Fig. 1. UV spectra of beta-CD (a), arbutine (b), and inclusion complexes (c) in H_2O

Fig. 2는 게스트 분자인 알부틴 (a)와 호스트-게스트 반응에 의해 생성된 인캡슐화의 1H-NMR 스펙트라 (b)를 나타내고 있다. 알부틴에서 페닐기에 존재하는 수소의 피이크는 6.80ppm 및 7.02ppm에서 나타났으며, -OH의 피이크는 4.80 ppm에서 나타났다. 반면에 인캡슐화의 페닐기의 수소 피이크는 6.84ppm 및 7.14ppm에 나타나, 다운 필드 쪽으로 쉬프트하여, 페닐기가 베타 싸이크로덱스트린 공동에 포접하는 사실을 알 수 있었다. 한편, 인캡슐화에서 알부틴의 -OH피이크는 5.10ppm으로 다운 필드 쪽으로 이동하는 사실을 관측할 수 있었다. 이는 알부틴의 -OH기와 베타 싸이크로덱스트린의 -OH가 상호작용하여 안정화되는 것으로 사료된다.

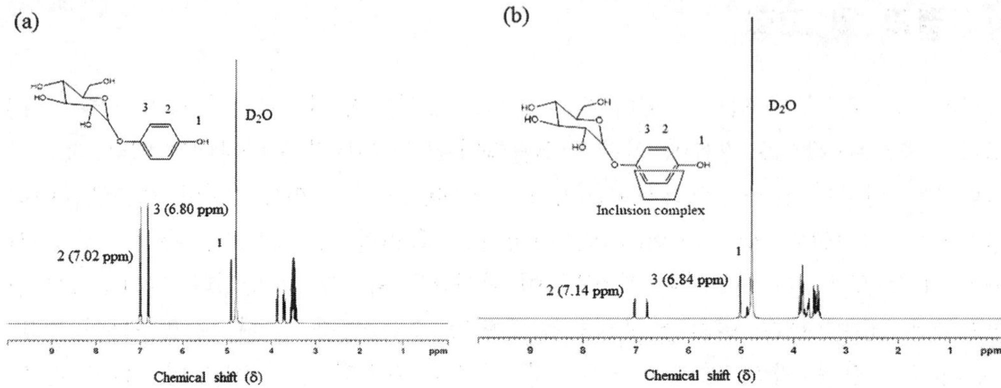

Fig. 2. ^{1}H-NMR spectra of arbutine (a) and inclusion complexes (b) in D_2O

Fig. 3는 게스트 분자인 알부틴 (a)와 인캡슐화의 FT-IR스펙트라 (b)를 나타내고 있다. 게스트 분자인 알부틴에서 넓은 3400cm^{-1}에 나타나는 피이크는 -OH stretch로 고려되며, aromatic C-H stretch는 2928cm^{-1}에 나타나고 있다. 1646cm^{-1} 및 1510cm^{-1}에 나타나는 피이크는 Ring stretch로 해석되며, 1217cm^{-1}에 나타나고 있는 피이크는 ether 피이크(peak)라고 생각 든다. 인캡슐화의 경우 Ring stretch 피이크 약간 저주파수 쪽으로 이동하는 것으로 보아 인캡슐화가 형성한 것으로 사료된다.

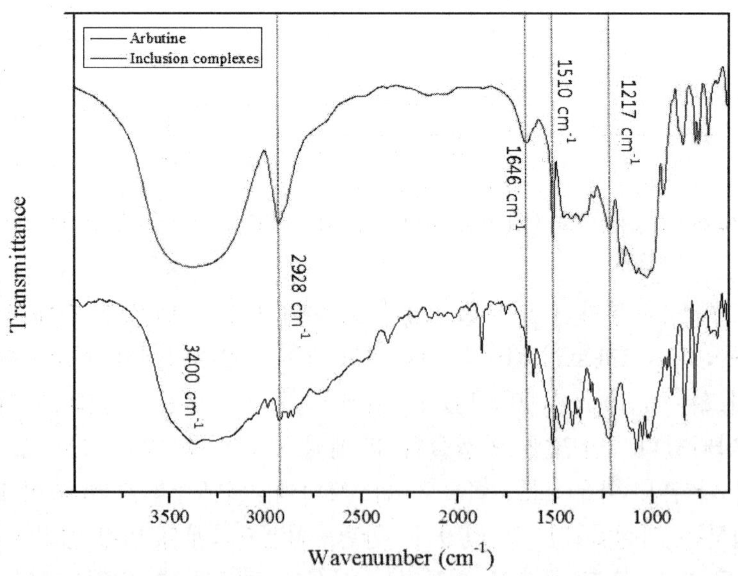

Fig. 3. FT-IR spectra of arbutine (a) and inclusion complexes (b).

Fig. 4은 게스트 화합물인 알부틴 (a)와 인캡슐화의 FT-Raman 스펙트라 (b)를 나타내고 있다. 알부틴에서 C-H stretch(약 2912cm^{-1}) 및 C=C stretch(about 1680cm^{-1})가 보여졌다. 1255cm^{-1} 및 1166cm^{-1}에 나타났다. 860cm^{-1} 나타나는 피이크는 Ring "breathing"이라고 해석되며, 이 Ring "breathing" 피이크가 저주파수 쪽으로 이동한 것으로 보아 인캡슐화가 성공적으로 제조되었다고 판단된다.

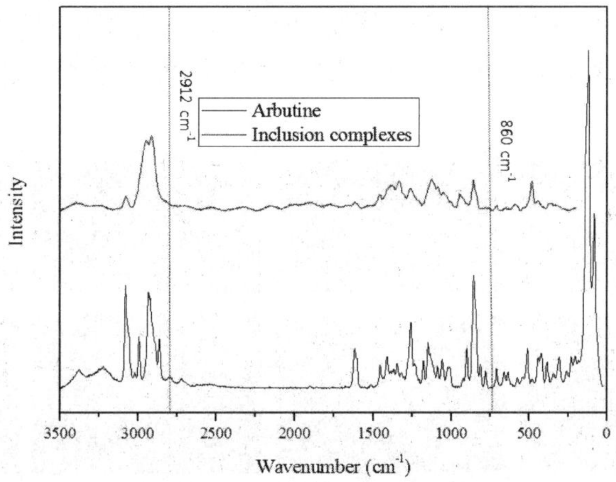

Fig. 4. FT-Raman spectra of arbutine (a) and inclusion complexes (b).

Fig. 5는 게스트 화합물인 알부틴 (a)와 인캡슐화의 CV곡선 (b)를 나타내고 있다. 알부틴 및 인캡슐화의 경우 산화나 환원 피이크의 쉬프트는 일어나지 않았다. 앞선 연구의 하이드로퀴논의 경우, 아래의 같은 경로로 산화-환원 반응이 일어난 반면에 알부틴의 경우 매우 안정한 화합물임을 알 수 있었다.

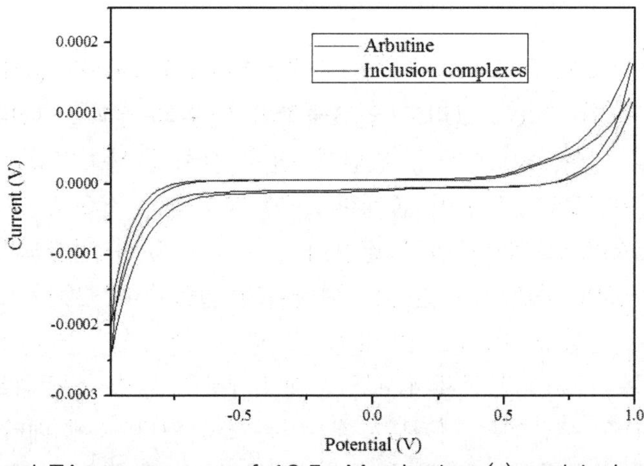

Fig. 5. Cyclic vol TA mmograms of 18.5mM arbutine (a) and inclusion complexes (b) uSurface morphology of arbutine (a), physical mixtures (b), and inclusion complexes (c). sing bare ITO electrode in 0.1M KCl solution at scan rate 0.1V/s.

Fig. 6는 게스트 화합물인 알부틴 (a), 알부틴과 베타 싸이크로덱스트린의 물리적 혼합 (b), 그리고 호스트-게스트 반응에 의한 인캡슐화의 SEM 이미지 (c)를 나타내고 있다. 기미 치료용 의약품으로 사용되는 알부틴의 경우 돌덩어리 기둥모양을 하고 있고(a), 그라인딩 하여 혼합한 경우, 알부틴을 잘게 자른 돌덩이 형태를 나타내고 있고, 베타 싸이크로덱스트린은 파우더 형태를 나타내고 있다(b). 한편 호스트-게스트 반응에 위해 생성된 인캡슐화의 경우 무정형 모양을 이루고 있다. 이 결과로써 인캡슐화가 성공적으로 제조되었음을 확인할 수 있었다.

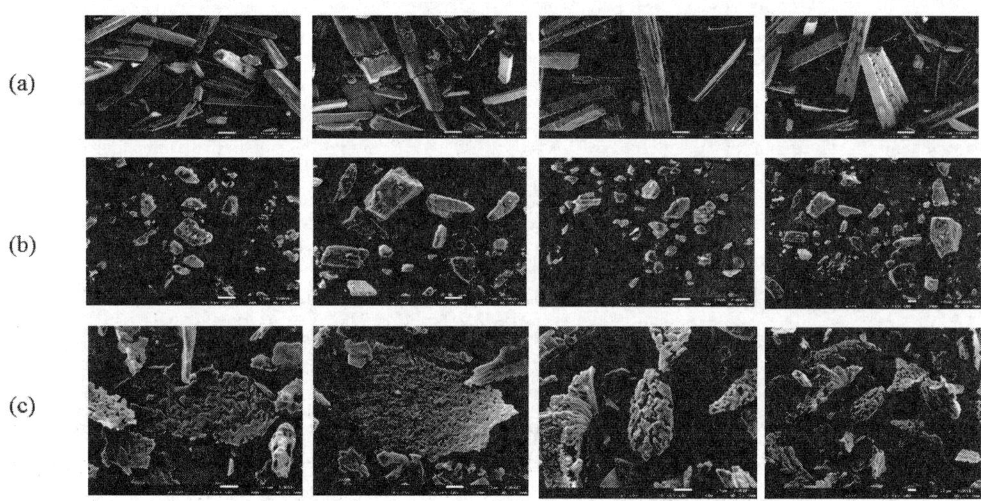

Fig. 6. Surface morphology of arbutine (a), physical mixtures (b), and inclusion complexes (c).

Fig. 7은 호스트 화합물인 베타 싸이크로덱스트린 (a), 게스트 분자인 알부틴 (b), 그라인딩한 (b) 혼합물 (c), 그리고 인캡슐화의 열분석 결과를 나타내고 있다(d). 호스트 화합물의 경우, 300℃까지 완만한 질량 감소가 관측되었는데, 이것은 친수성인 베타 싸이크로덱스트린에 존재한 물이 제거되는 것으로 생각되며, 380℃ 부근에서 베타 싸이크로덱스트린의 결합이 끊어지는 것이 관측되었다(a). 호스트 화합물의 경우, 물이 증발되는 현상은 나타나지 않았으며, 291℃ 부근에서 공유결합이 끊어지는 현상을 알 수 있었다(b). 그라인딩에 의한 물리적 결합의 경우, 1차 질량 감소는 130℃ 부근에서 보였는데, 이것은 물이 증발하는 것이고 2차 질량 감소는 291℃ 부근에서 나타났는데, 이는 그라인딩 중에 베타 싸이크로덱스트린의 -OH기와 알부틴의 -OH기의 수소결합에 위해 생긴 질량 감소로 예상된다. 3차 질량 감소는 331℃ 부근에서 베타 싸이크로덱스트린의 결합이 끊어지는 것이

관측되었다(c). 인캡슐화도 물리적 혼합의 경우와 유사한 패턴을 보였는데, 이는 호스트 화합물의 -OH기와 게스트 화합물의 -OH기의 소수적 상호작용이 매우 크기 때문이라고 사료 된다(d).

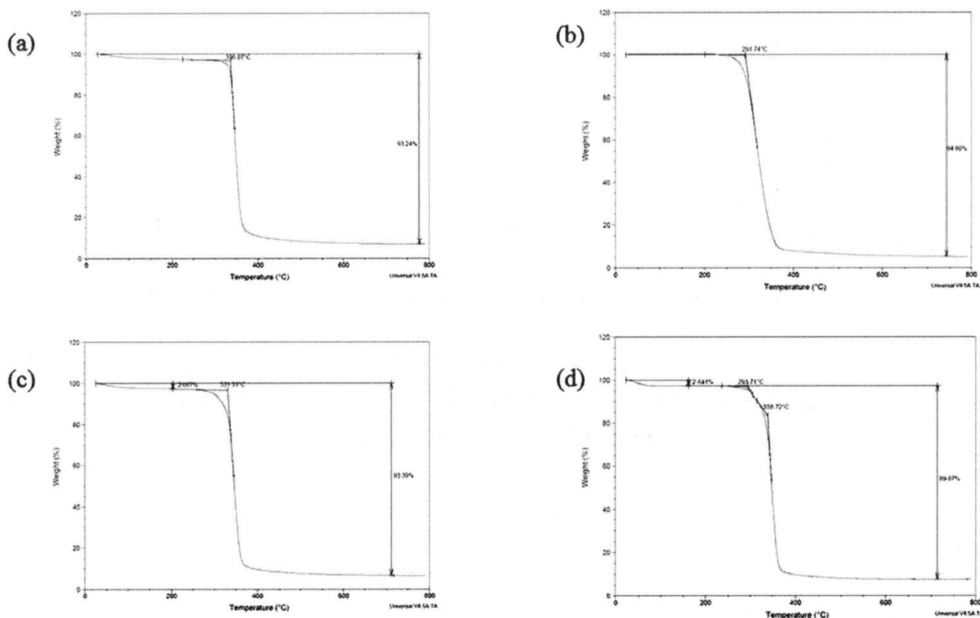

Fig. 7. TGA curves of beta-CD (a), arbutine (b), physical mixtures (c), and inclusion complexes (d).

Fig. 8은 게스트 화합물인 알부틴 (a), 그라인딩하여 물리적 혼합물 (b), 그리고 인캡슐화의 열분석 결과(TGA)를 나타내고 있다(c). (a)에서 250℃에서 나오는 흡열 피이크는 게스트 화합물인 용융되는 것을 나타낸다. 반면에 그라인딩에 의한 물리적 혼합의 경우 용융 피이크가 200℃로 이동되었으며 공유결합 해체 온도는 349℃로 쉬프트하였다. 이것은 그라인딩 과정에 게스트 화합물의 -OH기와 호스트 화합물의 -OH기가 수소결합에 의해 생성된 것으로 사료된다. 인캡슐화의 경우, 250℃ 부근에서 약한 발열 피이크가 보여졌는데, 인캡슐화와 인캡슐화 간의 결정화에 기인한 것으로 사료된다.

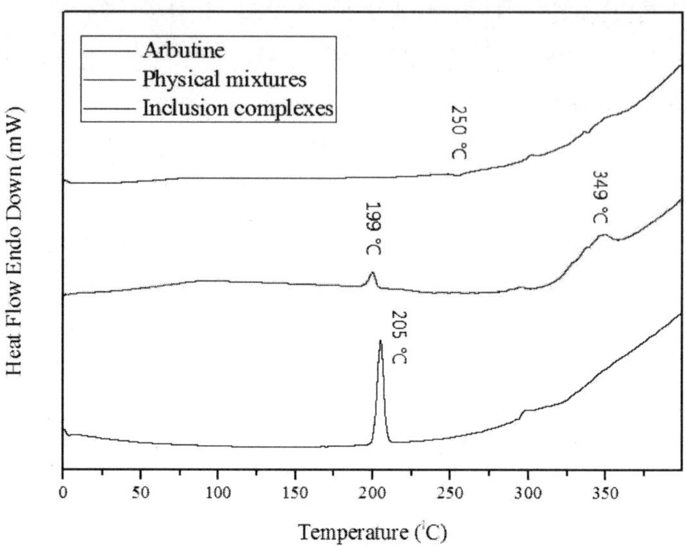

Fig. 8. DSC curves of arbutine (a), physical mixtures (b), and inclusion complexes (c).

Ⅳ 결 론

본 연구에서는 기미개선 치료재료 및 미백 화장품 재료로 사용되고 있는 알부틴을 게스트 화합물로 베타 싸이크로덱스트린을 호스트 화합물로 하여 호스트-게스트 반응을 통하여 인캡슐화를 제조하였다.

성공적인 인캡슐화가 제조된 것을 다양한 분석방법(UV spectrometer, 1H-NMR spectroscopy, FT-IR spectrometer, FT-Raman spectrometer, Cyclic Vol 트라넥사민 산mmetry, SEM, 열분석(TGA 및 DSC)) 확인하였다. 알부틴 인캡슐화의 경우, UV가 레드 쉬프트 하고, 1H-NMR에서 페닐기의 수소 피이크가 다운필드로 이동하였으며, FT-IR과 FT-Raman 데이타에서 Ring Stretch 피이크가 저주파 쪽으로 이동하였으며, 인캡슐화의 모폴로지 형태는 무정형 형태로서 물리적 혼합의 경우가 완전히 다른 패턴이 보여졌으며, 열분석 결과도 다른 패턴이 나타나서, 인캡슐화가 성공적으로 제조되었음을 확인할 수 있었다.

참고문헌

1. H. K. Bea, "Comparison of Anti-oxidative and Anti-melanogenic Activities of Astragalus membranaceus and Its Bioconversion Extracts", Doctoral Thesis, Konkuk University(2017).
2. L. Jiang, D Wang, Y Zhang, J Li, Z Wu, Z Wang, "Investigation of the pro-apoptotic effects of arbutin and its acetylated derivative on murine melanoma cells", International Journal of Molecular Medicine, 1048-1054(2018).

실험 8

게스트-트라넥삼산, 호스트-베타 싸이크로덱스트린 인캡슐화 및 특성평가

안효정, 문가람, 김수연

본 실험에서는 현재 기미, 미백 치료제로 사용되고 있는 트라넥삼산을 게스트 화합물로 베타 싸이크로덱스트린을 호스트 화합물로 선택하여 호스트-게스트 반응을 수행하며 캡슐시키고, 캡슐이 성공적으로 제조되었는지는 UV spectrometer, 1H-NMR spectroscopy, FT-IR spectromete, FT-Raman spectrometer, Cyclic voltammograms, SEM, 열분석(DSC 및 TGA) 등으로 분석평가 하였다.

I 서 론

트라넥삼산은 plasmin 억제제로 fibrinolysis를 막아주는 지혈제로 개발되어 사용되어 왔으나 기미 및 미백에도 효과가 있는 화학적 매개 물질이나 염증 반응이 기미의 발생에 영향을 미친다고 생각된다. 따라서 트라넥삼산은 항염증 작용을 통하여 멜라닌 세포의 tyrosinase 활성을 줄여 기미에 효과를 나타낼 수 있다(1). 또한 각질 형성 세포에서 형성되는 plasminogen activator는 수용체 매개 신호 전달 경로를 통해 멜라닌 세포의 활성도를 조절하는데, 트라넥삼산은 plasminogen activator를 억제함으로써 멜라닌 형성을 억제한다. 이러한 이론적인 배경을 바탕으로 많은 연구자들은 트라넥삼산의 진피 내 주사하여 기미치료에 효과적임을 보고한 바 있지만, 트라넥삼산 성분의 경피 투여시키는 것에 대해서는 체계적인 연구가 거의 없는 실정이다(2). 따라서 본 연구에서는 경피에 침투할 수 있는 트라넥삼산을 게스트로 베타 싸이크로덱스트린을 호스트로서 화합물로 사용하여 인캡슐화를 제조하였고 인캡슐화가 성공하였는지 다양한 방법으로 분석하였다.

Ⅱ 실 험

2.1 시약 및 재료

β-cyclodextrin(베타 싸이크로덱스트린)은 Aldich사에서 구입하여 정제없이 사용하였다. Tranexamic acid(트라넥삼산)은 O&D TECH사에서 구입하여 정제없이 사용하였다.

2.2 분석기기

인캡슐화의 성공 여부를 분석하는 데 사용한 분석기기에는 UV(V-650, Jasco co.), 1H-NMR(Avance III HD 400, Bruker Biospin), FT-IR(FTS-175C, BioRad Labroatories, Inc., USA), FT-Raman,(VersaS TAT 3 Potentios TAt Galvanos TAt, AMETEK PAR, U.S.A.), Cyclic vol TA mmograms(Versa TAT 3 Potentios TAt Galvanos TAt, AMETEK PAR, U.S.A.), 열 분석기기로, DSC(DSC 8000, Perkin Elmer U.S.A), TGA는 (Q50, TA Instrument)로 분석 확인하였다.

2.3 host-guest를 이용한 인캡슐화의 제조

Tranexamic acid(트라넥삼산)의 인캡슐화는 트라넥삼산(0.07g, 0.45mmol)과 베타 싸이크로덱스트린(0.50g, 0.45mmol)을 증류수 약 30mL에 용해시킨 후, -80℃에서 24시간 동결한 후 120시간 건조하였다.

III 결과 및 고찰

Fig. 1는 게스트 분자인 트라넥삼산 (a)와 호스트-게스트 반응에 의해 생성된 인캡슐화의 1H-NMR 스펙트라 (b)를 나타내고 있다. 트라넥삼산의 프로톤의 피이크는 1H-NMR 스펙트럼에 나타내고 있으며, 특별히 $-NH_2$의 피이크는 2.80ppm에서 나타났다. 반면에 인캡슐화의 프로톤의 피이크는 쉬프트가 보여지지는 않았으나, $-NH_2$ 피이크는 오히려 업필트 쪽으로 2.60ppm 이동하는 사실을 관측할 수 있었다. 이는 트라넥삼산의 $-NH_2$기와 트라넥삼산의 -COOH가 상호작용하는 것으로 예측된다.

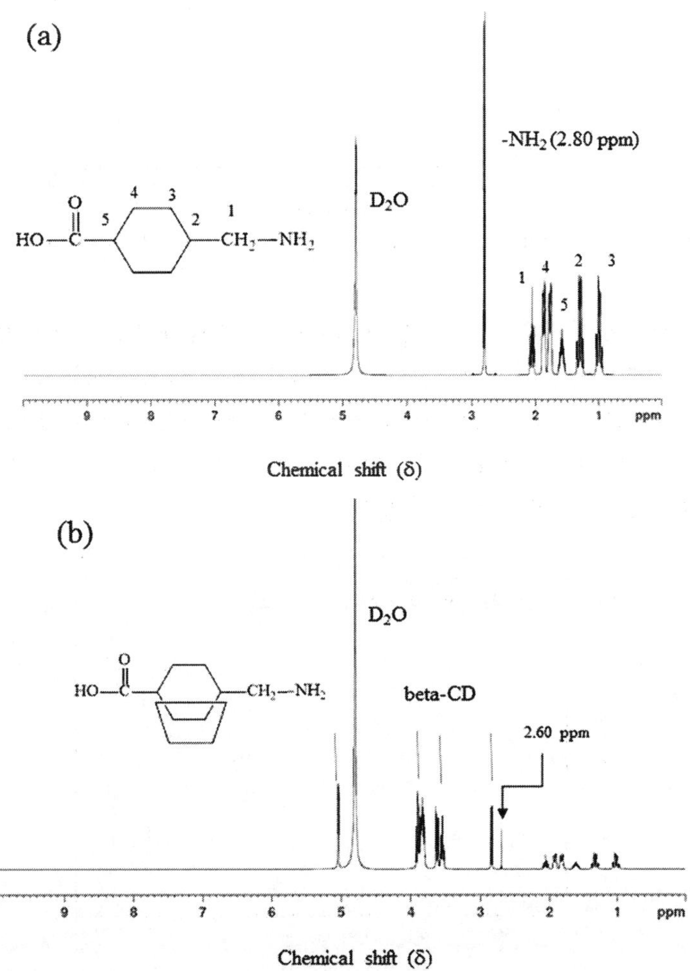

Fig. 1. ^{1}H-NMR spectra of tranexamic acid (a) and inclusion complexes (b) in D_2O.

Fig. 2은 호스트-게스트 반응에 위해 제조된 인캡슐화의 UV spectra을 나타내고 있다. 게스트 화합물인 트라넥삼산의 경우, 카르보닐기 피이크가 λ_{max}=210nm에 나타났다. 반면에 호스트-게스트 반응에 의해 생성된 인캡슐화의 경우 λ_{max} 레드 쉬프트 되는 현상이 발견되었다. 이는 베타 싸이크로덱스트린이 시클로헥산을 포접하여 4급 아민과 양이온과 카르복실 산 음이온의 상호작용을 안정화시킨다고 사료된다.

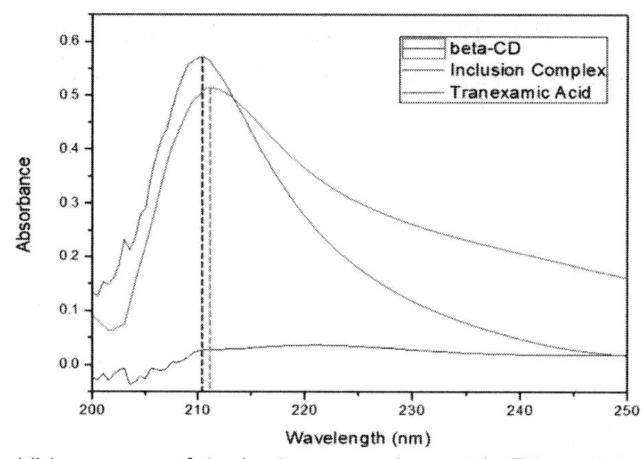

Fig. 2. UV spectra of inclusion complex with TA and beta-CD.

Fig. 3은 게스트 분자인 트라넥삼산 (a)와 인캡슐화 (b)의 FT-IR 스펙트라를 나타내고 있다. 게스트 분자인 트라넥삼산에서 매우 broad 폭을 갖은 카르복실기에 존재하는 -OH 피이크가 3000cm^{-1}에 부근에서 나타났으며, 〉C=O 피이크는 1700cm^{-1} 부근에 나타나고 있다. 인캡슐화의 경우, 호스트 화합물의 피이크가 커서 게스트 화합물의 피이크를 구별하기가 어려웠다.

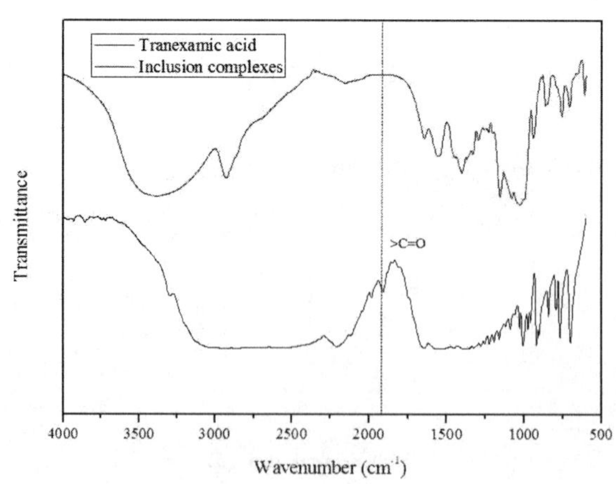

Fig. 3. FT-IR spectra of tranexamic acid (a) and inclusion. complexes (b).

Fig. 4은 게스트 화합물인 트라넥삼산 (a)와 인캡슐화 (b)의 FT-Raman 스펙트라를 나타내고 있다. 트라넥삼산에서 C-H stretch 보였다. 1255cm^{-1}에 나타나는 피이크는 Ring vibration과 1166cm^{-1}에 나타나는 피이크는 Ring "breathing" 이라고 생각이 든다. 인캡슐화에서 Ring vibration(752cm^{-1}) 저주파수 쪽으로 이동한 것으로 보아 인캡슐화가 성공적으로 제조되었다고 사료된다.

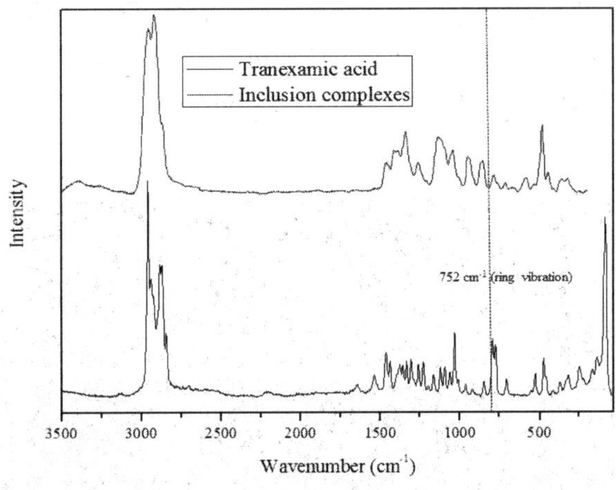

Fig. 4. FT-Raman spectra of tranexamic acid (a) and inclusion complexes (b).

Fig. 5은 게스트 화합물인 트라넥삼산 (a)와 인캡슐화의 CV곡선 (b)를 나타내고 있다. 트라넥삼산 인캡슐화의 경우 산화나 환원 피이크의 나타나지 않은 것으로 보아 전기화학적으로 매우 안정된 화합물임을 알 수 있었다.

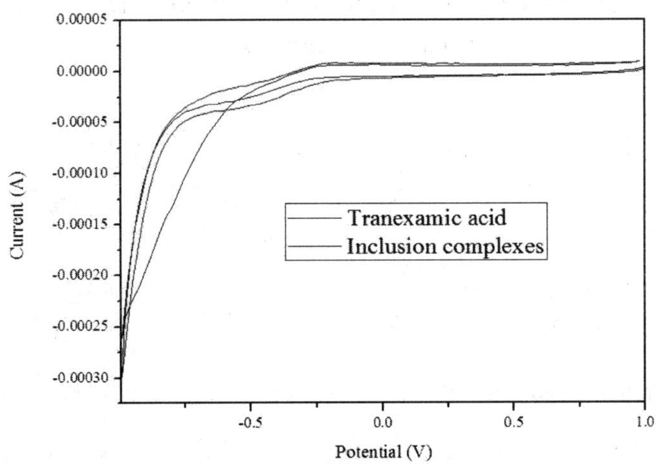

Fig. 5. Cyclic vol TA mmograms of 18.5mM tranexamic acid (a) and inclusion complexes (b) using bare ITO electrode in 0.1M KCl solution at scan rate 0.1V/s.

Fig. 6는 게스트 화합물인 트라넥삼산 (a), 트라넥삼산과 베타 싸이크로덱스트린의 물리적 혼합 (b) 그리고 호스트-게스트 반응에 의한 인캡슐화 (c)의 SEM 이미지를 나타내고 있다. 기미 치료용 의약품으로 사용되는 트라넥삼산의 경우 돌덩어리 모양을 하고 있고(a), 그라인딩 하여 혼합한 경우, 트라넥삼산을 잘게 자른 형태를 나타내고 있고, 베타 싸이크로덱스트린은 파우더 형태를 나타내고 있다(b). 호스트-게스트 반응에 위해 생성된 인캡슐화의 경우 막대 모양을 이루고 있다(c). 그 이유는 Fig. 7과 같이 -COOH와 $-NH_2$기의 수소결합에 의한 생성된 인캡슐화가 층층이 싸여서 막대 모양을 나타난다고 사료된다.

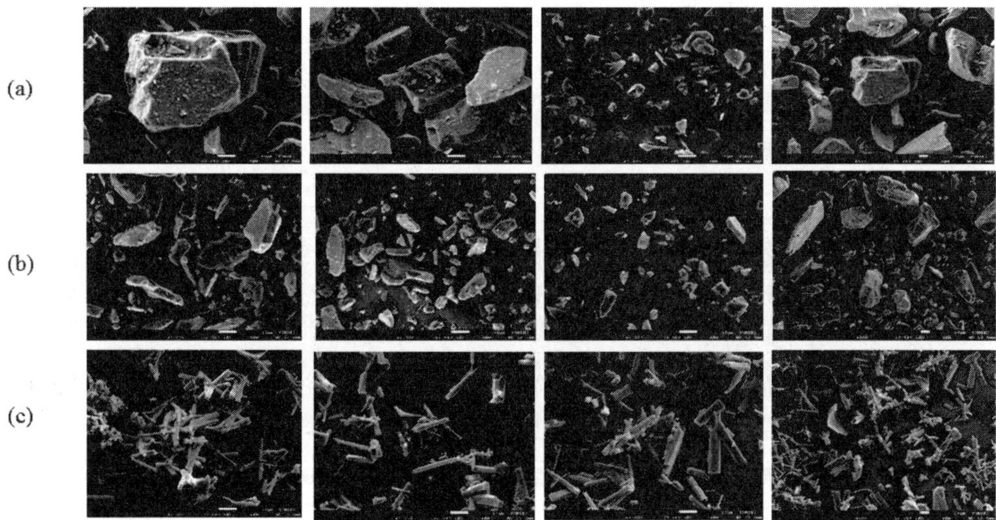

Fig. 6. Surface morphology of tranexamic acid (a), physical mixtures (b), and inclusion complexes (c).

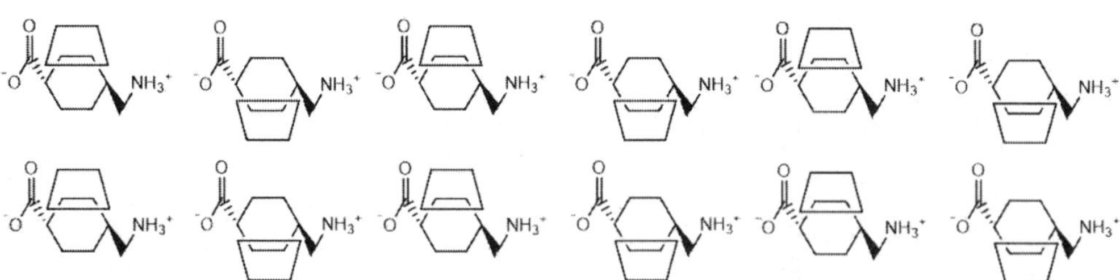

Fig. 7. Hydrogen bonding formation of the between guest and guest molecules.

Fig. 8은 호스트 화합물인 베타 싸이크로덱스트린 (a), 게스트 분자인 트라넥사민 산 (b), 그라인딩 한 베타 싸이크로덱스트린과 HQ의 혼합물 (c) 그리고 인캡슐화의 열분석(TGA) 결과 (d)를 나타내고 있다. 호스트 화합물의 경우, 300℃까지 완만한 질량 감소가 관측되었는데, 이것은 친수성인 베타 싸이크로덱스트린에 존재한 물이 제거되는 것으로 생각되며, 380℃ 부근에서 베타 싸이크로덱스트린의 결합이 끊어지는 것이 관측되었다(a). 강한 수소결합을 하고 있는 게스트 화합물의 경우, 물이 증발되는 현상은 나타나지 않았으며, 263℃ 부근에서 공유 결합이 끊어지는 현상을 알 수 있었다(b). 그라인딩에 의한 물리적 결합의 경우, 1차 질량 감소는 200℃ 부근까지 나타났는데, 이것은 물이 증발하는 것이고 2차 질량 감소는 270℃ 부근에서 나타났는데 이는 단독으로 존재하는 트라넥사민 산에 의한 질량 감소, 그리고 3차 질량 감소가 334℃까지 관찰되었는데, 베타 싸이크로덱스트린의 결합이 끊어지는 것이 관측되었다(c). 인캡슐화도 물리적 혼합의 경우와 유사한 패턴을 보였는데, 이는 호스트 화합물의 -OH기와 게스트 화합물의 -COOH와 $-NH_2$기의 수소결합 매우 크기 때문이라고 사료된다(d).

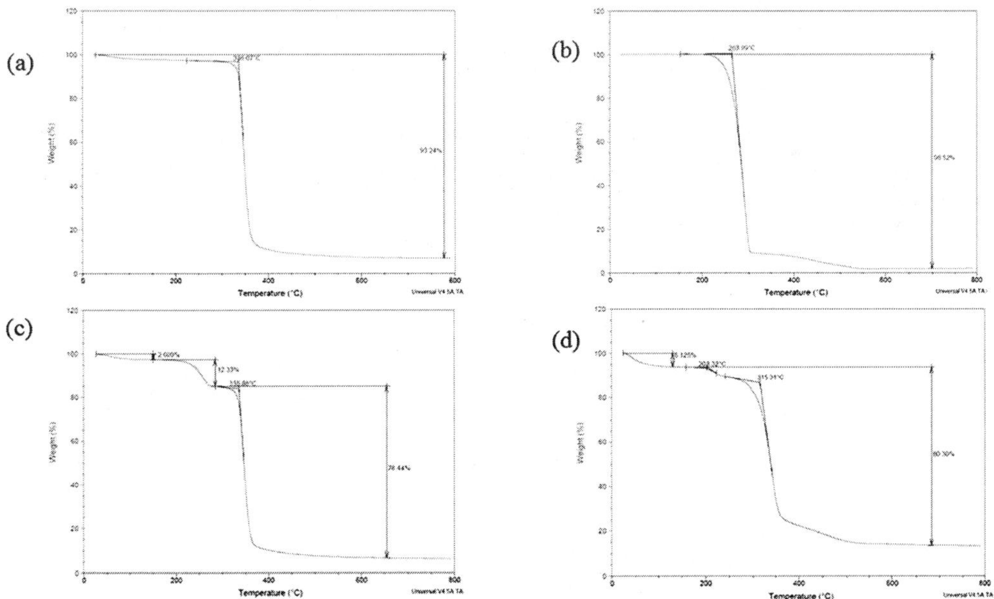

Fig. 8. TGA curves of beta-CD (a), tranexamic acid (b), physical mixtures (c), and inclusion complexes (d).

Fig. 9는 게스트 화합물인 트라넥삼산 (a), 그리고 인캡슐화의 열분석(DSC) 결과를 나타내고 있다(b). (a)에서, 301℃에서 보여지는 흡열 피이크는 게스트 화합물인 트라넥삼산이 용융되는 것을 나타내며 391℃에서 트라넥삼산의 분해가 일어난다고 사료된다. 인캡슐화의 경우, 371℃ 부근에서 약한 발열 피이크가 보여졌는데, 인캡슐화와 인캡슐화 간의 결정화에 기인한 것으로 사료된다.

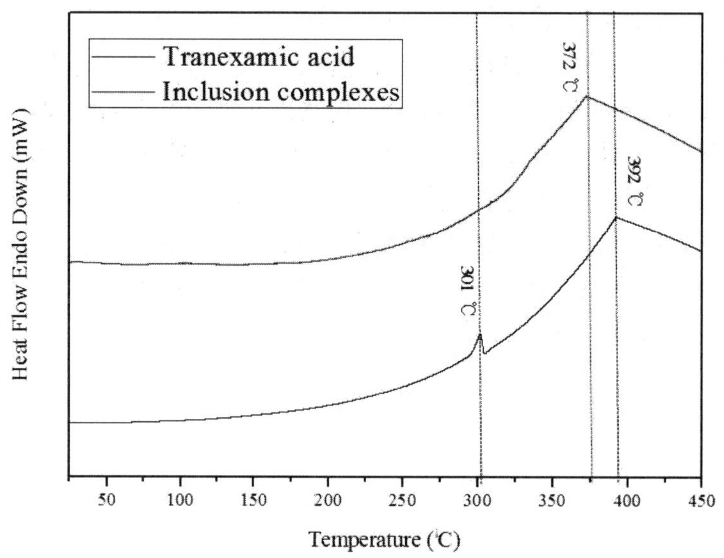

Fig. 9. DSC curves of tranexamic acid (a), and inclusion complexes (b).

Ⅳ 결 론

본 연구에서는 기미개선 치료재료 및 미백 화장품 재료로 사용되고 있는 트라넥삼산을 게스트 화합물로 베타 싸이크로덱스트린을 호스트 화합물로 하여 호스트-게스트 반응을 통하여 인캡슐화를 제조하였다. 성공적인 인캡슐화가 제조된 것을 다양한 분석방법(UV spectrometer, 1H-NMR spectroscopy, FT-IR spectrometer, FT-Raman spectrometer, Cyclic Voltammetry, SEM, 열분석(TGA 및 DSC)) 확인하였다. 트라넥삼산 인캡슐화의 경우, UV가 레드쉬프트하고, 1H-NMR에서 페닐기의 수소 피이크가 다운필드로 이동하였으며, FT-IR과 FT-Raman 데이타에서 Ring Stretch 피이크가 저주파 쪽으로 이동하였으며, 인캡슐화의 모폴로지 형태는 결정형 막대 형태로서 물리적 혼합의 경우가 완전히 다른 패턴이 보여졌으며, 이는 수소결합에 의한 것으로 결론내었으며, 열분석 결과도 다른 패턴이 나타나서, 인캡슐화가 성공적으로 제조되었음을 확인할 수 있었다.

참고문헌

1. Y. H. Jo, "Effects of Tranexamic Acid on the Activation of Autophagy System and the Production of Melanin in Cultured Melanoma Cells", Master's Thesis, Chosun University(2017).
2. S. J. Kim, "The Effect of Topical Tranexamic Acid Application on
3. Melasma Treatment", Master's Thesis, Ajou University(2015).

게스트-니아신아마이드, 호스트-베타 싸이크로덱스트린 인캡슐화 및 특성평가

권태연, 문가람, 김수연

본 연구에서는 현재 기미, 미백 치료제로 사용되고 있는 니아신아마이드를 게스트 화합물로 베타 싸이크로덱스트린을 호스트 화합물로 선택하여 호스트-게스트 반응을 수행하며 캡슐화시키고, 이 캡슐이 성공적으로 제조되었는지는 UV spectrometer, 1H-NMR spectroscopy, FT-IR spectromete, FT-Raman spectrometer, Cyclic voltammograms, SEM, 열분석(DSC 및 TGA)등으로 분석평가 하였다.

I 서 론

피부의 색소 침착은 여러 조건에서 발생하고 아시아인 여성들은 더 밝은 피부를 원한다(1). 따라서 피부 미백제의 개발이 필요하다. 부작용과 독성을 가진 Niacin 대신(2) 비독성이고(3) 홍조를 유발하지 않는 Niacinamide를 사용하는 것이 효과가 더 좋다(4). Niacinamide는 효모, 고기, 생선, 우유, 계란, 녹색 채소 및 곡물과 같은 음식에서 발견(5)되며 건강을 위해 필요한 8가지 비타민 중 하나인 비타민 B3의 주요 형태(6)로 수용성을 가져 몸에 저장되지 않고(7) 부족할 시 피부염을 일으킬 수 있어 주기적인 흡수가 필요하다.

또한 미백/항염증 효과(8)와 피지 분비 속도를 저하시켜 여드름성 피부와 지루성 피부염, 아토피성 피부염을 치료할 수 있고(9-11), 보습 효과를 지녀서 건선 치료 및 생체 내 표피 투과성 장벽 개선과 노화된 피부염 즉, 주름을 개선시킬 수 있다. 과색소 침착을 현저하게 감소시키고 피부 밝기를 개선시킬 수 있다(12-13). Niacinamide의 구조는 아미드기를 갖는 피리딘 고리로 구성되어 있어 생물학적 시스템의 수소 이온 전달체로 기능하는 수소 전달 반응에 참여한다. 그러나 PVA 겔의 제조 시, 강한 수소결합으로 인해 방출될 수 없어, 피부에 접촉시키는 패치로 사용할 수 없다.

따라서 본 연구에서는 Niacinamide를 β-cyclodexrin에 포접시켜 인캡슐화를 제조하였다. 제조한 인캡슐화 미용 PVA 겔에 대하여 UV spectrometer, 1H-NMR spectroscopy, FT-IR spectrometer, FT-Raman spectrometer, SEM, Swelling degree, 전기전도도, 열분석(DSC 및 TGA), SEM, 기계적 강도, 및 방출 성능을 평가하였다. 평가 후 미용 PVA 겔 패치를 제조하여 상용화 가능성에 대해 검토하였다.

Ⅱ 실 험

2.1 시약 및 재료

Niacinamide(NA)는 zhejiang lanbo biotechnology사에서 구매하여 정제 없이 사용하였다. β-cyclodextrin(베타 싸이크로덱스트린)는 O&D TECH사에서 구매하여 정제없이 사용하였다.

2.2 분석기기

인캡슐화의 성공 여부를 분석하는 데 사용한 분석기기에는 UV(V-650, Jasco co.), FT-IR(FTS-175C, BioRad Labroatories, Inc., U.S.A), FT-Raman(VersaSTAT 3 Potentiostat Galvanostat, AMETEK PAR, U.S.A), ^{1}H-NMR(Avance Ⅲ HD 400, Bruker Biospin), 모폴로지 변화(JSM-7800F, JEOL), DSC(DSC 8000, Perkin Elmer U.S.A), TGA(Q50, TA Instrument)로 분석 확인하였다. 모폴로지 변화(JSM-7800F, JEOL), DSC(DSC 8000, Perkin Elmer U.S.A), TGA(Q50, TA Instrument), UV(V-650, Jasco co.), Mechanical strength로 분석하였다.

2-3 인캡슐화의 제조

Niacinamide의 인캡슐화는 NA(0.0185M) 과 베타 싸이크로덱스트린(0.0185M)을 증류수 약 50.0mL에 24시간 용해시킨 후, 동결하여 -80℃ 120시간 건조하였다.

Ⅲ 결과 및 고찰

3.1 Niacinamide-β-CD 인캡슐화 제조 및 특성평가

Fig. 1은 게스트 분자인 Niacinamide (a)와 인캡슐화 (b)의 UV spectra를 나타내고 있다. 게스트 화합물인 Niacinamide (a)의 아미노기 peak가 λ_{max}=214nm에 나타났다. 반면에 호스트-게스트 반응에 의해 생성된 인캡슐화의 경우 λ_{max} 레드쉬프트 되는 현상이 발견되었다. 이로 인해 인캡슐화가 호스트-게스트 반응을 통해 생성되었음을 알 수 있다.

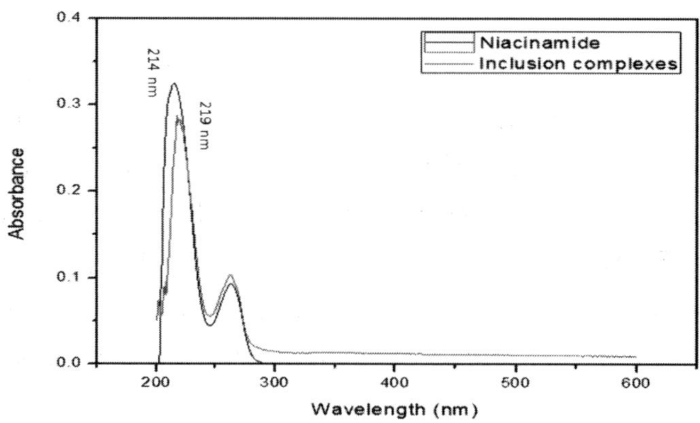

Fig. 1. UV spectra of niacinamide (a) and inclusion complexes (b) in H_2O.

Fig. 2은 게스트 분자인 Niacinamide (a)와 인캡슐화 (b)의 FT-IR spectra를 나타내고 있다. 게스트 분자인 Niacinamide (a)는 -NH peak가 3354cm^{-1}에 부근에서 나타났으며, amide 〉C=O peak는 1675cm^{-1}부근에 나타나고 있다. 인캡슐화의 peak가 저주파수 쪽으로 이동한 것으로 보아 인캡슐화가 형성되었음을 알 수 있다.

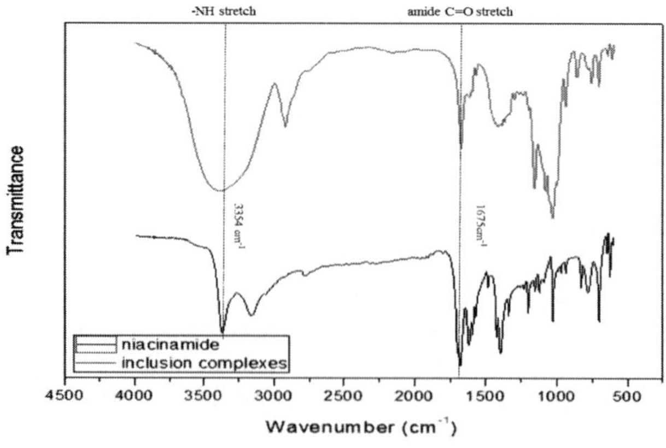

Fig. 2. FT-IR spectra of niacinamide (a) and inclusion complexes (b).

Fig. 3은 게스트 분자인 Niacinamide (a)와 인캡슐화 (b)의 FT-Raman spectra를 나타내고 있다. Niacinamide (a)에서 aromatic ring이 보여졌다. 인캡슐화에서 Ring vibration이 저주파수 쪽으로 이동한 것으로 보아 인캡슐화가 형성되었음을 알 수 있다.

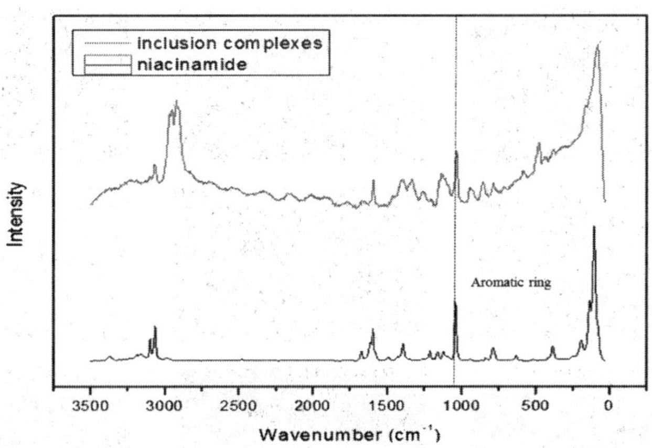

Fig. 3. FT-Raman spectra of niacinamide (a) and inclusion complexes (b).

Fig. 4은 게스트 분자인 Niacinamide (a)와 인캡슐화 (b)의 ^{1}H-NMR spectra를 나타내고 있다. Niacinamide의 proton의 peak는 1H-NMR 스펙트럼에 나타내고 있으며, 인캡슐화의 proton의 peak는 shift가 보여지지는 않았으나 새로운 peak가 나타난 것을 확인할 수 있었다.

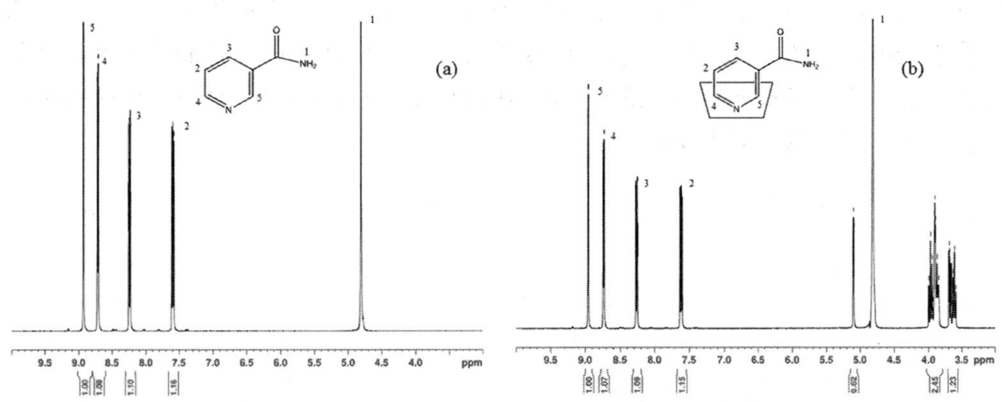

Fig. 4. ^{1}H-NMR spectra of niacinamide (a) and inclusion complexes (b) in D_2O.

Fig. 5은 게스트 분자인 Niacinamide (a), Niacinamide와 베타 싸이크로덱스트린의 물리적 혼합물 (b), 인캡슐화 (c)의 SEM 이미지를 나타내고 있다. Niacinamide (a), Niacinamide와 베타 싸이크로덱스트린의 물리적 혼합물 (b)가 작은 입자를 나타내는 반면 인캡슐화 (c)는 Niacinamide와 베타 싸이크로덱스트린이 포접되어 각진 기둥 모양을 나타내고 있어 포접된 것을 확인할 수 있다.

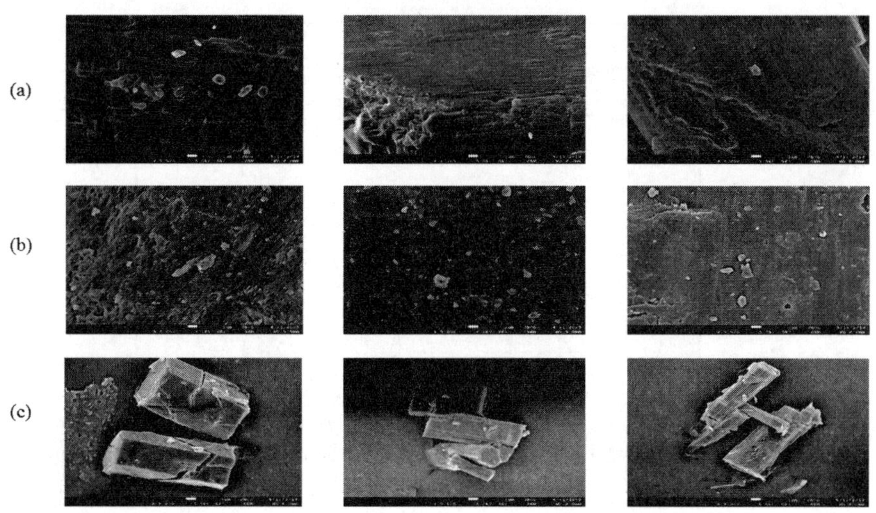

Fig. 5. Surface morphology of niacinamide (a), physical mixtures (b), and inclusion complexes (c).

Fig. 6은 게스트 분자인 Niacinamide (a), Niacinamide와 베타 싸이크로덱스트린의 물리적 혼합물 (b), 인캡슐화 (c)의 열분석(DSC) 결과를 나타내고 있다. Niacinamide (a)에서, 132℃에서 보여지는 흡열 peak는 게스트 화합물인 Niacinamide가 분해가 일어난다고 사료된다. Niacinamide와 베타 싸이크로덱스트린의 물리적 혼합물 (b)의 경우, 129℃ 부근에서 흡열 peak가 나타났고 인캡슐화 (c)의 경우, 139℃ 부근에서 흡열 peak가 보여졌다. 이것은 Niacinamide와 베타 싸이크로덱스트린이 포접된 것을 나타낸다.

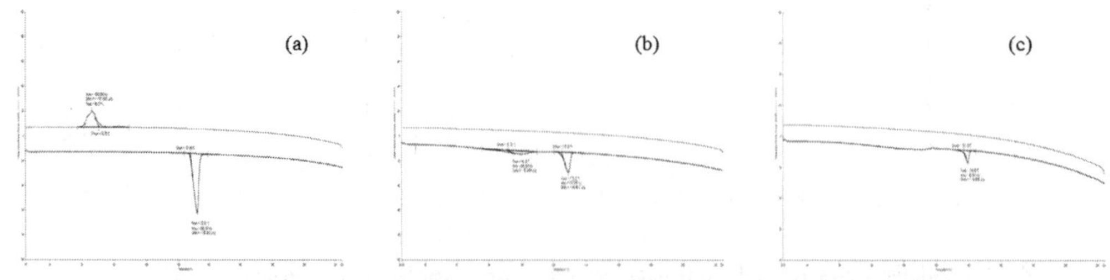

Fig. 6. DSC curves of niacinamide (a), physical mixtures (b), and inclusion complexes (c).

Fig. 7은 게스트 분자인 Niacinamide (a), 호스트 분자인 베타 싸이크로덱스트린 (b), Niacinamide와 베타 싸이크로덱스트린의 물리적 혼합물 (c), 인캡슐화 (d)의 열분석(TGA) 결과를 나타내고 있다. 강한 수소결합을 하고 있는 게스트 화합물의 경우, 물이 증발되는 현상은 나타나지 않았으며, 167℃ 부근에서 공유결합이 끊어지는 현상을 알 수 있었다(a). 호스트 화합물의 경우, 300℃까지 완만한 질량 감소가 관측되었는데, 이것은 친수성인 베타 싸이크로덱스트린에 존재한 물이 제거되는 것으로 생각되며, 336℃ 부근에서 베타 싸이크로덱스트린의 결합이 끊어지는 것이 관측되었다(b). 물리적 혼합물의 경우, 1차 질량 감소는 163℃ 부근까지 나타났는데 이것은 Niacinamide에 의한 질량감소, 그리고 2차 질량감소가 323℃까지 관찰 되었는데, 베타 싸이크로덱스트린의 결합이 끊어지는 것이 관측되었다(c). 인캡슐화도 물리적 혼합의 경우와 유사한 패턴을 보였는데, 이는 호스트 화합물의 $-OH$기와 게스트 화합물의 $-NH_2$기의 수소결합 매우 크기 때문이라고 사료된다(d).

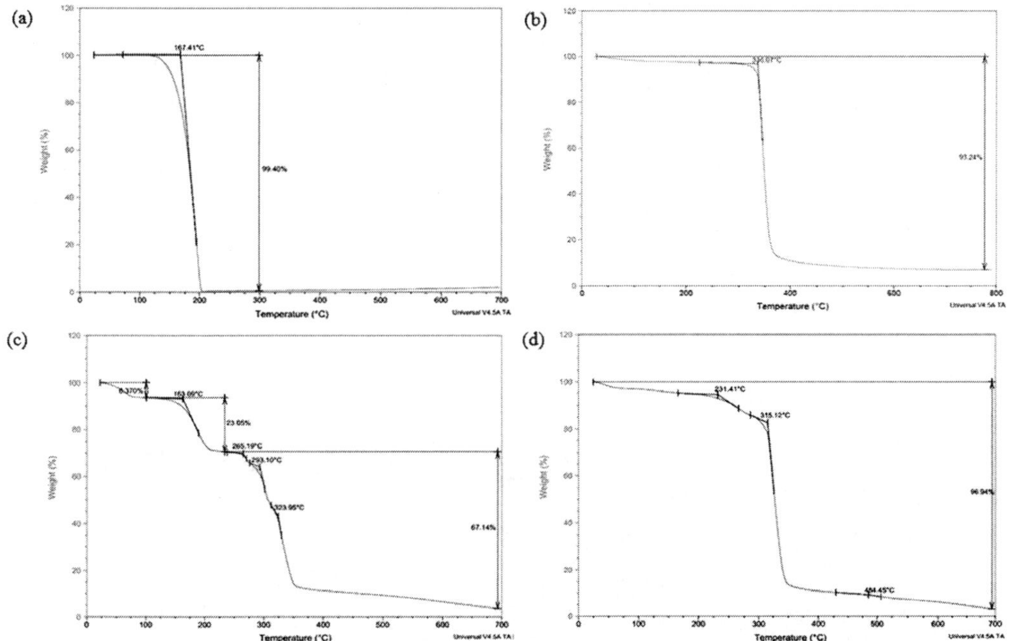

Fig. 7. TGA curves of Niacinamide (a), beta-CD (b), physical mixtures (c), and inclusion complexs (d).

Ⅳ 결 론

본 연구에서는 Niacinamide를 β-cyclodexrin에 포접시켜 인캡슐화를 제조한 후, 인캡슐화를 UV spectrometer, 1H-NMR spectroscopy, FT-IR spectrometer, FT-Raman spectrometer, SEM, 열분석(DSC 및 TGA)으로 평가하였다. 인캡슐화의 경우 UV spectrometer에서 λ_{max} 레드 쉬프트 되는 현상이 발견되었고 FT-IR spectrometer, FT-Raman spectrometer에서 peak가 저주파수 쪽으로 이동되었다. 1H-NMR spectroscopy에서는 새로운 peak가 나타났고 SEM 분석에서는 각진 기둥 모양에 인캡슐화가 관찰되었다. DSC 분석에서는 129℃ 부근에 흡열 peak가 포접되었을 때, 139℃ 부근에서 흡열 peak가 보여 졌다. TGA 분석에서는 인캡슐화와 물리적 혼합물이 유사한 패턴을 보였다.결론적으로, 인캡슐화 분석결과 β-cyclodexrin에 Niacinamide가 성공적으로 포접된 것을 확인할 수 있었다.

참고문헌

1. Lee DH, Oh IY, Koo KT, Suk JM, Jung SW, Park JO, Kim BJ, Choi YM. Reduction in facial hyperpigmentation after treatment with a combination of topical niacinamide and tranexamic acid: a randomized, double-blind, vehicle-controlled trial. Skin Res Technol. 2014 May;20(2):208-12.
2. Crouse JR III. New developments in the use of niacin for treatment of hyperlipidemia: new considerations in the use of an old drug. Coron Artery Dis 1996;7:321-6.
3. McCarty MF, Russell AL. Niacinamide therapy for osteoarthritis--does it inhibit nitric oxide synthase induction by interleukin 1 in chondrocytes? Med Hypotheses 1999;53:350-60.
4. Raising HDL and Niacin Use. Pharmacist's Letter/Prescriber's Letter 2004;20(5):200504.
5. Papa CM. Niacinamide and acanthosis nigricans (letter). Arch Dermatol 1984;120:1281.
6. Anon. Niacinamide Monograph. Alt Med Rev 2002;7:525-9.
7. Food and Nutrition Board, Institute of Medicine. Dietary Reference Intakes for Thiamin, Riboflavin, Niacin, Vitamin B6, Folate, Vitamin B12, Pantothenic Acid, Biotin, and Choline (2000). Washington, DC: National Academy Press, 2000.
8. Jonas WB, Rapoza CP, Blair WF. The effect of niacinamide on osteoarthritis: a pilot study. Inflamm Res 1996;45:330-4.
9. Shalita AR, Falcon R, Olansky A, Iannotta P, Akhavan A, Day D, Janiga A, Singri P, Kallal JE. Inflammatory acne management with a novel prescription dietary supplement. J Drugs Dermatol. 2012;11(12):1428-33.
10. Soma Y, Kashima M, Imaizumi A, et al. Moisturizing effects of topical nicotinamide on atopic dry skin. Int J Dermatol. 2005;44(3):197-202.
11. Fabbrocini G, Cantelli M, Monfrecola G. Topical nicotinamide for seborrheic dermatitis: an open randomized study. J Dermatolog Treat. 2014 Jun;25(3):241-5.

12. Hakozaki T, Minwalla L, Zhuang J, et al. The effect of niacinamide on reducing cutaneous pigmentation and suppression of melanosome transfer. Br J Dermatol. 2002 Jul;147(1):20-31.
13. Bissett DL, Oblong JE, Berge CA. Niacinamide: A B vitamin that improves aging facial skin appearance. Dermatol Surg. 2005;31(7 Pt 2):860-5; discussion 865.
14. Hui-da Wan, Yao Ni, Dan Li, "Preparation, characterization and evaluation of an inclusion complex of steviolbioside with γ-cyclodextrin", Journal of Food Biosience 26, 65-72 (2018).
15. S Konstantakos, A Marinopoulou, , "Preparation of model starch complex hydrogels", Journal of Food Hydrocolloids 96, 365-372 (2019).
16. P. Li, Z. Feng, Z. Yu, "Preparation of chitosan-Cu2+/NH3 physical hydrogel and its properties", International Journal of Biological Macromolecules 133, 67-75 (2019).

캡슐레이션 기술의 이해와 실험

2020년 3월 1일 초판 인쇄
2020년 3월 1일 초판 발행

저 자 김수연·최성호

발행인 이광섭
발행처 한남대학교 출판부(글누리)
대전광역시 대덕구 한남로 70
전화 (042) 629-7722, 7536
팩스 (042) 629-7264
인쇄처 학예컴 (042) 625-1821
ISBN 978-89-7066-396-8 93430

〈정가 13,000원〉